普通高等学校“十二五”省部级重点规划教材

水利概论

（第2版）

主　编　杨文利
副主编　黄彬彬

黄河水利出版社
·郑州·

内容提要

本书内容包括水循环与水危机、中国的水资源与水利发展、水旱灾害及其防治、水污染及其防治、水土流失及其防治、现代农田水利、水利工程等7章。

本书主要为非水利类专业开设水利概论课程使用，也可供社会上关心水利的人士了解水利使用。

图书在版编目(CIP)数据

水利概论/杨文利主编．—2版．—郑州：黄河水利出版社，2014.1

普通高等学校"十二五"省部级重点规划教材

ISBN 978-7-5509-0699-0

Ⅰ．①水…　Ⅱ．①杨…　Ⅲ．①水利工程-高等学校-教材　Ⅳ．①TV

中国版本图书馆CIP数据核字(2014)第007009号

策划编辑：李洪良　电话：0371-66024331　E-mail：hongliang0013@163.com

出 版 社：黄河水利出版社

地址：河南省郑州市顺河路黄委会综合楼14层　邮政编码：450003

发行单位：黄河水利出版社

发行部电话：0371-66026940、66020550、66028024、66022620(传真)

E-mail：hhslcbs@126.com

承印单位：黄河水利委员会印刷厂

开本：787 mm×1 092 mm　1/16

印张：9.5

字数：220千字　　印数：6 101—12 201

版次：2012年2月第1版　　印次：2014年1月第2次印刷

2014年1月第2版

定价：25.00元

再版前言

编写《水利概论》旨在系统地介绍水利的基础知识，提高非水利类专业学生对水利事业的认识，让大家在有限的时间内，快速了解我国水资源现状、水旱灾害与防治、水污染、水土流失、农田水利与水利工程等方面的基础知识。

《水利概论》第1版出版后受到广大读者和高校师生的欢迎，通过各位任课教师的教学实践与应用，特别是随着经济社会和科学技术的发展与进步，近年来的一些数据、方法、技术等已经发生改变，鉴于此，原版教材需要与时俱进，重新修订再版。

本次修订，将内容精简为7个章节，删除了原版第八章“水文化与水利精神”，将原版第六章“水利法规”的内容融入到了其他章节，增加了“现代农田水利”作为第六章内容，其他的章节结构基本不变。

第一章，对表1-1中的数据进行了更新。第二章更新了我国各大流域与水系的相关数据，更新了我国目前已建成水库与堤防工程的数据。第三章，将“干旱的分类”改为“干旱等级”，增加了干旱预警信号的具体含义；对中国水旱灾害概况进行了更新；新增了“防洪与抗旱”内容；将原版第六章第五节“《防洪法》概述”作为本章第四节。第四章，根据《2012年中国环境质量公报》，更新了我国河流、各大水系、湖泊水库和地下水的污染状况；新增“《水污染防治法》概述”作为第三节内容。第五章，更新了我国土壤侵蚀概况的相关数据，增加了土壤侵蚀区域分布规律相关内容，增加了《水土保持法》的相关内容。第六章为新增章节，介绍了我国农田水利的发展，我国常用的灌溉形式、灌溉用水制度与计划用水。第七章，增加了水利工程的分类，水利枢纽与水工建筑物，水工建筑物中的挡水建筑物的重力坝、拱坝、土石坝三大坝型的内容，增加了水工建筑物中泄水建筑物的相关内容；在原版的基础上介绍了国内外著名的水利枢纽及大坝；增加了我国古代和新中国成立以来水利水电建设成就的相关内容。

本次修订工作分工如下：杨文利负责提纲及总体内容确定，黄彬彬博士负责第一章和第四章修订工作，吴帅兵博士负责第二章修订工作，张强博士负责第三章修订工作，鲁向晖博士负责第五章修订工作，裴青宝博士负责撰写第六章，王志强博士负责第七章修订工作，杨文利、黄彬彬负责全书统稿工作，杨文利对全书进行了修改。

本书自始至终受到了黄河水利出版社领导和同仁的关怀与资助，谨致衷心的感谢。

由于掌握的国内外资料不全、学术水平有限，编写过程中疏漏与错误难免，谨请读者指正与提出建议。

作　者

2013年12月

前　言

2011 年中央一号文件明确指出:“水是生命之源、生产之要、生态之基。兴水利、除水害,事关人类生存、经济发展、社会进步,历来是治国安邦的大事。促进经济长期平稳较快发展和社会和谐稳定,夺取全面建设小康社会新胜利,必须下决心加快水利发展,切实增强水利支撑保障能力,实现水资源可持续利用。”“人多水少、水资源时空分布不均是我国的基本国情水情。洪涝灾害频繁仍然是中华民族的心腹大患,水资源供需矛盾突出仍然是可持续发展的主要瓶颈,农田水利建设滞后仍然是影响农业稳定发展和国家粮食安全的最大硬伤,水利设施薄弱仍然是国家基础设施的明显短板。随着工业化、城镇化深入发展,全球气候变化影响加大,我国水利面临的形势更趋严峻,增强防灾减灾能力要求越来越迫切,强化水资源节约保护工作越来越繁重,加快扭转农业主要‘靠天吃饭’局面任务越来越艰巨。”

“加快水利改革发展,不仅事关农业农村发展,而且事关经济社会发展全局;不仅关系到防洪安全、供水安全、粮食安全,而且关系到经济安全、生态安全、国家安全。”“要把水利工作摆上党和国家事业发展更加突出的位置,着力加快农田水利建设,推动水利实现跨越式发展。”

为了在广大青年学生中普及水利知识,使他们更好地了解我国的基本国情和水情,在非水利类专业中开设水利概论必修课非常有必要。本书就是基于此而编写的。

全书共分 8 章,主要介绍了自然界的水循环、全球水危机,中国水资源的状况,中国的水问题(洪涝灾害、干旱缺水、水污染和水土流失)及其防治,水利法规,以及水文化与水利精神等内容。

本书编写分工为:大纲由杨文利确定,第一章、第二章、第五章由杨文利编写,第三章、第四章、第七章由刘惠英编写,第六章、第八章由鲁向晖编写,全书由杨文利、鲁向晖统稿,杨文利对全书作了修改。

本书由西北农林科技大学王双银教授主审。王双银教授不仅在水利学科的各个方面有宽广而深厚的造诣,而且具有丰富的教学经验和教材编审经验。他认真而仔细地审阅了全书,提出了许多宝贵的修改意见,为全书增色不少。在此谨向他表示衷心的感谢。

由于编写水平有限,书中存在的缺点与不足在所难免,恳请读者批评指正。

作　者

2011 年 11 月

目 录

第一章　水循环与水危机

第一节　自然界的水循环

水循环(water cycle)是地球上一个重要的自然过程,它通过降水、蒸散发、下渗、地表径流与地下径流等环节,将大气圈、水圈、岩石圈与生物圈联系起来,并在它们之间进行着水量和能量的交换。正是由于水循环,大气水、地表水、土壤水和地下水之间才能进行互相转化,形成不断更新的统一系统。也正是由于水循环作用,水资源才能够成为可再生资源,才能被人类及其他一切生物持续利用。

一、水循环现象

地球上的水以液态、固态和气态的形式分布于海洋、陆地、大气及生物体内,这些水体构成了地球的水圈。水圈中的水主要受太阳辐射和地心引力的作用而不停地运动,其主要的表现形式可以概括为降水、蒸发、径流和下渗四大类型,统称为水文现象。降水的形式有雨、雪、雾、霰、雹等,大气中的水汽凝结后以液态或固态的形式降落到地面的现象称为降水。蒸发则是水分子以水汽的形式从蒸发面逸出的现象,根据蒸发面的不同可分为植物蒸腾、土壤蒸发、水面蒸发、植物散发、冰雪蒸发等。径流是指由降水形成的,在重力作用下能够沿着一定的方向和路径流动的水流,一般分为地表径流和地下径流。下渗是指地表水经过土壤表面渗入土壤的过程,是地下径流形成的关键环节。

水循环现象如图 1-1 所示。水圈中的各种水体在太阳能和大气运动的驱动下,不断地从水面(江、河、湖、海等)、陆面(土壤、岩石等)和植物的茎叶表面,通过蒸发或散发以水汽形式进入大气圈。在适当的条件下,大气圈中的水汽可以凝结成小水滴,小水滴相互碰撞合并成大水滴,当凝结的水滴大到其重力能克服空气阻力时,就在地球引力的作用下,以降水的形式降落到地球表面。到达地球表面的降水,一部分在分子力、毛管力和重力的作用下通过地面渗入地下;一部分则形成地表径流,主要在重力作用下流入江河、湖泊,再汇入海洋;还有一部分通过蒸发和散发重新逸散到大气圈。渗入地下的那部分降水,或者被土壤颗粒吸收变成土壤水,再经蒸发或散发回到大气中,或者以地下水形式排入江河、湖泊,再汇入海洋。水圈中的各种水体在太阳辐射和地心引力作用下形成的这种不断蒸发、水汽输送、凝结、降落、入渗、地表径流和地下径流的往复循环过程,称为水循环,又称水文循环或水分循环。太阳向宇宙空间辐射大量热能,在达到地球的总热量中约有 23% 消耗于海洋和陆地表面的水分蒸发。平均每年有 57.7 万 km^3 的水通过蒸发进入大气,通过降水又回到海洋和陆地。水循环的空间范围上达地面以上平均约 11 km 的对流层顶,下至地面以下平均约 1 km 深处。水以各种形式往返于大气、陆地和海洋之间。

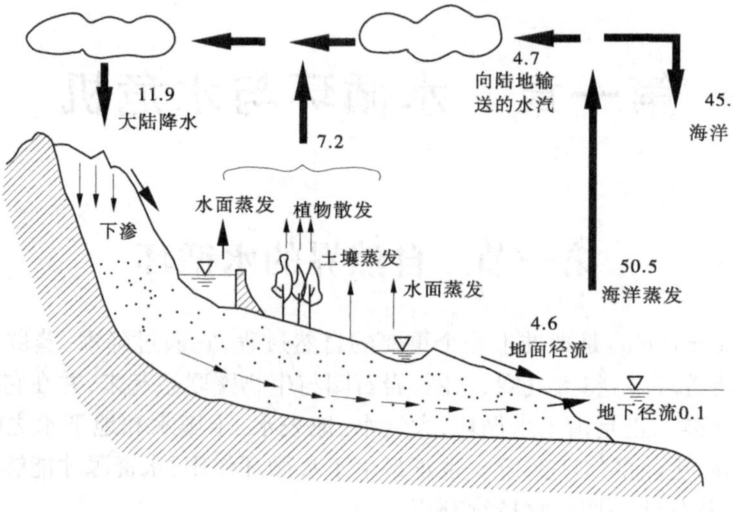

图 1-1　水循环示意图(图中数字的单位为万 km^3)

全球发生水循环的主要原因有二:一是水的"三态"变化,为内因,即水在常温下就能实现固态、液态和气态之间的相互转化而不发生化学变化;二是地心引力和太阳辐射,为外因。内因是根据,外因是条件,内因通过外因起作用。水循环的发生,以上两者缺一不可。

二、水循环的分类

按水循环过程的整体性与局部性,可把水循环分为大循环和小循环。从海洋蒸发的水汽,被气流输送到大陆上空形成降水,其中一部分以地表径流和地下径流的形式通过河流汇入海洋;另一部分重新蒸发返回大气。这种在海洋与陆地之间的水分交换过程,称为大循环或外循环。在大循环运动中,水分一方面在地面和大气中通过降水与蒸发进行纵向交换,另一方面通过河流与地下径流在海洋和陆地之间进行横向交换。海洋从空中向陆地输送大量水汽,陆地则通过河流与地下径流把水输送到海洋里。陆地也向海洋输送水汽,但与海洋向陆地输送的水汽相比,其量很少,约占海洋蒸发量的8%。所以,海洋是陆地降水的主要水汽来源。海洋上蒸发的水汽在海洋上空凝结后,以降水的形式降落到海洋里,或陆地上的水经过蒸发或散发凝结后又落到陆地上,这种局部的水循环称为小循环或内循环。前者称为海洋小循环,后者称为陆地小循环。小循环主要是水分通过降水与蒸发进行纵向交换。此外,在陆地小循环中还有一类特殊的小循环,称为内陆水循环,它对内陆地区的降水有着重要的作用。因为内陆地区远离海洋,从海洋直接输送至内陆的水汽量有限,通过内陆局部地区的水循环,使水汽逐步向内陆输送,这是内陆地区主要的水汽来源。由于水汽在向内陆输送的过程中,沿途会逐渐损耗,故而内陆距离海洋越远,输送的水汽量越少,降水量越小。我国比较典型的内陆水循环主要发生在塔里木河流域、甘肃黑河流域以及青海格尔木河流域。

按水循环研究尺度的不同,又可以把水循环分为全球水循环、流域或区域水循环和水－土壤－植物系统水循环三种。全球水循环，即大循环，它是空间尺度最大的水循环，也是最完整的水循环，它涉及海洋、大气、陆地之间的相互作用，与全球气候变化关系密切。流域或区域水循环等同于流域降雨径流形成过程，以蓄满产流为例，降落到流域上的雨水，首先满足植物截留、填洼和下渗，剩余雨水形成地表径流、地下径流，汇入河网，再流至流域出口断面。流域或区域水循环的空间尺度一般在 1～1 000 km^2，相对于全球水循环而言，它是一类开放式的水循环。水－土壤－植物系统是由水分、土壤和植物构成的三者之间相互作用的系统，其特殊意义在于将水循环与植物系统联系起来。渗入土壤的降水会被植物根系吸收，在植物生理作用下通过茎、叶等输送，维持植物的生命过程，并通过叶面散发到大气中；水－土壤－植物系统水循环也是一个开放式的循环系统。

三、水循环的作用与意义

水循环是地球上最重要、最活跃的物质循环之一，它对自然环境的形成、演化和人类的生存产生巨大的影响：①直接影响气候变化。通过蒸散发进入大气的水汽，是产生云、雨和闪电等现象的主要物质基础。蒸发产生水汽，水汽凝结成雨（冰、雪），吸收或放出大量潜能。空气中的水汽含量直接影响气候的干湿冷暖，调节地面气候。②改变地表形态。降水形成的径流，冲刷和侵蚀地表，形成沟壑；水流搬运大量泥沙，可淤积成冲积平原；渗入地下的水，溶解岩层中的物质，富集盐分，输入大海；易溶解的岩石受到水流强烈侵蚀和溶解作用，可形成岩溶地貌。③形成再生资源。水循环形成巨大的、可以重复使用的水资源，使人类获得永不枯竭的水源和能量，为一切生物提供不可缺少的水分；大气降水把天空中游离的氮素带到地表，滋养植物；陆地上的径流又把大量的有机质送入海洋，供养海洋生物；而海洋生物又是人类的食物和制造肥料的重要来源。同时，由水循环带来的旱涝灾害，也会给人类和生物造成威胁。

自然界水循环的存在，不仅是水资源和水能资源可再生的根本原因，而且是地球上生命生生不息、能千秋万代延续下去的重要原因之一。由于太阳能在地球上分布不均匀，而且时间上也有变化，因此主要由太阳能驱动的水文循环导致了地球上降水量和蒸发量的时空分布不均匀，这不仅是地球上有湿润地区和干旱地区的原因，而且是有多水季节和少水季节、多水年和少水年的原因，甚至是地球上发生洪、涝、旱灾害的根本原因，同时也是地球上具有千姿百态自然景观的重要条件之一。水文循环是自然界众多物质循环中最重要的物质循环。水是良好的溶剂，水流具有挟带物质的能力，因此自然界有许多物质，如泥沙、有机质和无机质等，均会以水作为载体，参与各种物质循环。可以设想，如果自然界不存在水文循环，则许多物质的循环，例如碳循环、磷循环等是不可能发生的。

四、我国的水循环路径

受自身地理位置及与海洋的相对位置关系、大气环流和季风的影响，我国水汽来源主要有太平洋、印度洋、大西洋、北冰洋和鄂霍茨克海。基于此，形成了我国特有的水循环系统。

（一）太平洋水循环

我国沿太平洋有相当长的海岸线。太平洋的黑潮暖流，流经我国东南沿海，暖流洋面温度较高,蒸发量大,洋面上的暖湿空气受到东南季风和台风的影响,大量向内陆输送。暖湿空气到达大陆后,又与西伯利亚冷气团相遇,成为华东、华北地区的主要降水。降水分布从东南向西北逐渐递减。我国的主要流域,如松花江、辽河、海河、黄河、淮河、长江、钱塘江、闽江、珠江以及台湾的河流,其水源主要来自该水循环的降水,所形成的径流最后又汇入太平洋。

(二)印度洋水循环

印度洋是我国大陆降水的主要水汽来源之一。冬季有明显湿舌从孟加拉湾伸向我国的西南部,形成这一地区的冬季降水;夏季,由于印度洋低压的发展,盛行西南季风,把大量的水汽输送到我国西南、中南、华北以及河套以北地区,成为我国夏季的主要降水水汽来源。所形成的降水,一部分经西南地区的河流汇入印度洋,如雅鲁藏布江、怒江等;另一部分还参与太平洋的水循环。

(三)内陆水循环

我国西北内陆地区的水循环主要为内陆水循环系统,虽然距离海洋较远,但由于高空西风盛行,地势平坦,仍有少量大西洋水汽于春季随气旋向东运行,参与内陆水循环。

(四)北冰洋水循环

北冰洋水汽借助强盛的西北风随西伯利亚气团进入我国西北地区,当西伯利亚冷气团强盛时,也可深入我国腹地,因其水汽含量较少,引起的降水量不多。我国新疆北部的降水转变为额尔吉斯河径流汇入北冰洋,构成北冰洋水循环的一部分。

(五)鄂霍茨克海水循环

鄂霍茨克海与日本海的冷湿气团,在春夏之间由东北季风进入我国东北北部地区,降水后形成径流,经黑龙江注入鄂霍茨克海。

此外,我国华南地区受热带辐合带的影响,可把南海的水汽输送到华南地区,形成降水后经珠江流入南海。

我国水循环的一个特征就是降水在空间分布上的不均匀性,表现为东多西少、南多北少,进而决定了我国水资源在空间分布上存在较大的差异。我国东南沿海地区年降水量在1 500 mm以上,长江流域年降水量约1 200 mm,华北地区年降水量在600~800 mm,而新疆的塔里木盆地年降水量在50 mm以下,甚至有些地方终年无雨。

五、人类活动对水循环的影响

随着国民经济的发展和人民生活水平的提高,人类对水资源的需求不断增长。虽然水循环提供的水资源是可以再生的,但其数量毕竟有限。在工农业生产用水激增而水体污染日趋严重的情况下,水的供需矛盾日益尖锐,对水的改造活动也愈感迫切,采取的措施也就多种多样。在水利方面有水库、塘坝等蓄水工程,跨流域的调水、引水工程以及地下水开发等,农林牧方面有扩大灌溉面积,坡地改梯田,封山育林,植树造林,种植牧草等,其他还有城市化问题等。所有这些人类活动对水循环和生态平衡都具有不同程度的影响,我们应发挥其积极有利的一面,预先估计到它的副作用,及早采取措施克服其消极的一面,以便更有效、合理地利用水资源。

由于人类活动，自然地理条件发生变化，从而导致水循环要素、过程、强度、水文情势等发生变化，进而使水量平衡也发生变化。人类活动对水循环的影响归结为两大类：①与土地有关的人类活动。这类活动多属于对水循环的直接影响，例如森林采伐、开荒耕种、放牧、兴修堤坝和水库、拦河引水、农田灌溉、工矿交通建筑、城市化等。这些活动均会改变陆地水循环与水量平衡过程，其影响范围多是局地性的，但随时间逐渐扩展。②与影响气候变化有关的人类活动。土地利用的改变也常常会影响局地气候，如地表反射率的改变、大面积的水库和引水灌溉会改变地区的水分与热量条件。

（一）人类生产生活用水对水循环的影响

人类为了满足生活和工农业生产的需要，把水从河流或地下含水层中直接取出。其中，一部分通过排水或下渗重新回到河流或地下含水层中，一部分通过蒸发和散发成为大气水，只有一小部分返回到当地水循环系统，从而使该区域水循环各要素的量或质的时空分布直接发生变化，这种影响在旱区尤为突出。例如，我国新疆地区气候干旱，农作物需水迫切，农田灌溉大量引水，致使许多河流季节性断流。在黄河流域，因内蒙古河套地区大量引水灌溉，出现了河套流量比上游兰州流量小的反常现象。由于大量引水灌溉，河水大量引入农田，增大了陆面蒸发，减少了河川径流，造成黄河年径流量有逐年下降的趋势。同时，随着人口的增长、城市与工业的发展，生活与工业引水量日益加大，这些因素使用水量急剧增大，以致到20世纪末黄河这样的大河也发生了连续数年的断流现象。城市化进程改造了自然界的陆面性质，使水循环条件发生改变。研究表明，城市化后降水量有所增加，降暴雨的概率增大，蒸发量减少，地表径流量显著增加。这些改变给城市带来了巨大影响，尤其对城市防洪提出了更严峻的考验。

（二）水利措施对水循环的影响

1. 蓄水工程对水循环的影响

为了满足人类的用水需求，人们在河流上兴建了大量的水库等蓄水工程，这些蓄水工程起到了拦蓄洪水、提高枯水径流的作用，还可改善河川径流的分配过程，使径流年内变化甚至年际变化趋向均匀，做到充分地利用河川水资源，这是有利的一面。另外，由于建库蓄水扩大了水面面积，总蒸发量增大，在一定程度上增强了陆地水循环。由于这些工程在蓄水过程中改变了径流的运动条件，改变了水的温度状况以及水中微生物等生物的生存条件，也相应地会引起水质的变化。

2. 引水、调水工程对水循环的影响

跨流域调水改变了水循环的路径，同时也改变了水循环各要素之间的平衡关系，而对水循环产生很大影响。它不仅对调出区有影响，对调入区也有不可忽视的影响。例如，我国的南水北调工程，使长江流域水量减少，使黄河、淮河、海河流域水量增加，长江流域水量减少量相对有限，而黄河、淮河、海河流域水量增加比例相对较大。因此，南水北调工程对长江的影响，如是否会产生入海口区淡水退缩及咸水的入侵、河口侵蚀量增加等负面影响都亟待研究；对黄淮海调入区而言，调入水量将缓解调入区用水紧张程度，在一定程度上补充长期超采的地下水等方面都是有利的，但是否会显著改变调入区水循环状况还有待进一步论证。

第二节 自然界的水资源

水资源(water resources)是自然资源的一种,广义的水资源是指地球上水的总体,包括大气中的降水、河湖中的地表水、浅层和深层的地下水、冰川、海水等。狭义的水资源是指与生态环境保护和人类生存与发展密切相关的、可以利用而又逐年能够得到恢复和更新的淡水,其补给来源为大气降水。

地球是一个由岩石圈、水圈、大气圈和生物圈构成的巨大系统。水在这个系统中起着重要作用,有了水,地球各圈层之间的相互关系就变得十分密切。

存在于地球各圈层中的水可以分为地表水、地下水、大气水和生物水等四部分。地表水主要指存储于海洋、湖泊(水库)、河流、冰川、沼泽等水体中的水。地下水指存储于土壤和岩石孔隙、裂隙、洞穴、溶穴中的水。大气水主要指悬浮于大气中的水汽,也包括以液态和固态形式悬浮于大气中的水。生物水是指地球上一切生物体内的水。

一、地球上水的储量

根据联合国教科文组织1978年公布的资料(见表1-1),地球上水的总储量为13.86亿km^3。其中,地表水为136 225.4万km^3,占地球总水量的98.288 9%;地下水为2 340万km^3,占地球总水量的1.71%;生物水为0.112万km^3,占地球总水量的0.000 1%;大气水为1.29万km^3,占地球总水量的0.001%,其量虽小,却是各种水体中最活跃的,大气水因降水而减少,却又通过各种水体的蒸发而得到补充,保持着动态平衡。

全球地表水主要分海洋和陆地两大部分。其中,储存在海洋中的总水量为13.38亿km^3,占地球总水量的96.54%;而海洋面积占地球表面面积的71%,所以从太空看,地球是蓝色的,且地球有“水的行星”之称。陆地水中储存在湖泊、河流、沼泽、冰川及永久积雪中的淡水总量为2 416.869万km^3,占全球总水量的1.76%;其中分布在两极不能被人类直接开发利用的冰川及永久积雪为2 406.41万km^3,占地球淡水总量的68.7%。由此可知,可被人类开发利用的淡水仅占地球总水量的0.007 5%。

从表1-1可知,分布在陆地上的水量为0.48亿km^3,占全球总水量的3.46%,其中淡水占2.53%。而分布在河流、湖泊及沼泽、地下水等水体中可被人类利用的淡水只占地球总水量的0.014%,且主要分布在地下水中。因此可知,地球是一个水量丰富的星球,同时对人类来说又是一个资源短缺的星球。可开发利用水资源的紧缺必然制约经济社会的发展和人类文明的进步,水资源的可持续开发利用已成为人类社会可持续发展的必要前提。

二、地球上水的分布

世界各大洲的自然条件不同,降水和径流的差异也较大。以年降水和年径流的深度计,大洋洲各岛(除澳大利亚外)水量最丰富,多年平均年降水深达2 704 mm,年径流深达1 566 mm以上。但大洋洲的澳大利亚大陆却是水量最少的地区,其年降水深只有456

表 1-1　地球上各种水体的储量

序号	水体分类		储量(万 km^3)	占总量的百分比(%)	占淡水的百分比(%)
1	海洋水		133 800	96.54	
2	地下水		2 340	1.71	30.1
	其中	咸水	1 287	0.94	
		淡水	1 053	0.76	
3	土壤水		1.65	0.001	0.05
4	冰川及永久积雪		2 406.41	1.74	68.7
5	永久冻土层		30.0	0.022	0.86
6	湖泊水		17.64	0.013	0.26
	其中	咸水	8.54	0.006	
		淡水	9.10	0.007	
7	沼泽水		1.147	0.000 8	0.003
8	河网水		0.212	0.000 2	0.006
9	生物水		0.112	0.000 1	0.003
10	大气水		1.29	0.001	0.04
总计			138 598.461	100	100
其中　淡水			3 502.921	2.53	

mm,年径流深只有 39 mm,有 2/3 的面积为荒漠和半荒漠。南美洲水量也较丰富,年降水深和年径流深均为全球陆面平均值的 2 倍。欧洲、亚洲和北美洲的年降水深和年径流深都接近全球陆面平均值,而非洲大陆则有大面积的沙漠,气候炎热,虽年降水深接近全球陆面平均值,但年径流深却不及全球陆面平均值的 1/2。南极洲降水深虽然不多,只有全球陆面平均值的 20%,但全部降水以冰川的形态存储,总存储量相当于全球淡水总量的 62%。总体而言,世界上淡水资源量是够用的,但全球淡水资源分布极不平衡,约 65% 的淡水资源集中在不到 10 个国家。世界上年径流总量超过 1 万亿 m^3 的国家有巴西(6.95 万亿 m^3)、俄罗斯(4.27 万亿 m^3)、加拿大(3.12 万亿 m^3)、美国(3.06 万亿 m^3)、印度尼西亚(2.81 万亿 m^3)、中国(2.81 万亿 m^3)、印度(2.09 万亿 m^3)等 10 个国家。而约占世界人口总数 40% 的 80 个国家和地区却严重缺水,其中有近 30 个国家为严重缺水国,非洲占有 19 个,其中卡塔尔人均占有水量仅有 91 m^3,科威特为 95 m^3,利比亚为 111 m^3,马耳他为 82 m^3,成为世界上四大缺水国。世界各大洲年降水及年径流分布如表 1-2 所示。

表 1-2 世界各大洲年降水及年径流分布

洲名	面积（万 km^2）	年降水		年径流	
		mm	$\times 10^3\ km^3$	mm	$\times 10^3\ km^3$
亚洲	4 347.5	741	32.2	332	14.41
非洲	3 012.0	740	22.3	151	4.57
北美洲	2 420.0	756	18.3	339	8.20
南美洲	1 780.0	1 596	28.4	661	11.76
南极洲	1 398.0	165	2.31	165	2.31
欧洲	1 050.0	790	8.29	306	3.21
澳大利亚	761.5	456	3.47	39	0.30
大洋洲(各岛)	133.5	2 704	3.61	1 566	2.09
全球内陆	14 902.5	798	118.88	314	46.85

注：资料来源于《中国大百科全书·水利卷》，1992。

第三节 全球水危机

一、全球水危机概况

水资源缺乏、水生态环境恶化和因缺水引发的冲突是构成当代严重威胁人类生存与发展的水危机的三大方面。

（一）水资源缺乏

据联合国公布的数据，全球用水量在20世纪增加了6倍，其增长速度是人口增速的2倍。联合国教科文组织认为，目前地球上淡水资源总体充足，但分布不均，约65%的淡水资源集中在不到10个国家，而约占世界人口总数40%的80个国家和地区却严重缺水。另外，由于管理不善、环境变化及基础设施投入不足等，全球约有1/5的人无法获得安全的饮用水，40%的人缺乏基本卫生设施。据统计，全世界有100多个国家和地区缺水，严重缺水的已达40多个。

《国际人口行动》提出的“可持续利用的水”（sustaining water）报告中，采用瑞典水文学者Mailin Falkenmark提出的水紧缺指标（water stress index，其中提出并为国际上一般承认的标准是人均水资源小于1 700 m^3 为用水紧张的国家），对全球人均水资源量变化趋势作了预测：如果人口不稳定下来，大多数用水紧张的国家将进入缺水国家的行列。水紧缺指标不是精确的界限。水的紧缺受到气候、经济发展水平、人口及其他因素影响，地区差别较大，并与节水和用水效率有关。据统计和预测，用水紧张或缺水国家及人口数为：

1990 年 28 个国家,3.35 亿人;2025 年 46~52 个国家,27.8 亿~32.9 亿人。

水也是造成大批“生态难民”的头号因素,已超过战争因素。伴随着河流流域水资源的危机而出现的“环境难民”在 1998 年达到 2 500 万人,第一次超过“战争难民”的人数。据预测,在 2025 年之前,因为水的原因而成为难民者将多达 1 亿人。另据专家估计,到 2025 年,约有 30 亿人,即全球 1/3 的人没有足够的、干净的饮用水,他们中的很多人不得不挨饿,甚至有可能出现新的民族大迁移。

(二)水生态环境恶化

在人口增加、经济社会发展以及水资源消耗量剧增的同时,有限的水资源受到严重污染,水资源可利用量越来越少。

世界水资源委员会发表的报告指出,全世界有一半以上的大河已被污染,目前世界上只有两条大河可以被归入健康河流之列,这两条河流是南美洲的亚马孙河和位于非洲撒哈拉南部的刚果河。不仅地表水,地下水的污染也十分严重。地下水资源污染严重,而全球的液态淡水有 97% 是储存在地下水层中的,地下水是液态淡水最重要的形态,其遭受的污染通常不可逆转,不易发现且难以自净,因为地下水的循环周期为 1 400 年,与之相对应的是河水只需 16 天就能循环一次。

由于水生态环境恶化,世界的淡水系统退化非常严重,其支持人类、植物和动物生存的能力处于危险中,结果使许多淡水物种面临着数量迅速减少或灭绝的命运,而不断增加的人口也将面临水短缺问题。世界上已知的 1 万种淡水鱼中,在最近的几十年来已有 20% 的鱼种消失或处于将要灭绝的危险之中。

(三)因缺水引发国际冲突

20 世纪是石油的世纪,大国一直在围绕石油展开争夺,而 21 世纪将是水的世纪,因为随着人口的增长,水资源将严重不足,“水之争”也将愈演愈烈。联合国的一份报告指出,50 年后水将比金子还贵,比石油更具有战略意义。如果邻国盗用本国的水资源,相关国家将不惜动用武力。北约和美国安全机构多年来已把水看作是影响安全问题的风险因素。所以,世界水资源委员会主席萨拉杰丁说,水土资源状况严重恶化不能仅仅看作是一个环境问题,而更应看作是一个关系各国能否持续发展的关键问题。这些结论的得出都是基于这样一个基本事实:世界水荒愈演愈烈,人类面临生存危机。

在世界军事史上,曾经有过“以水为兵”、“水攻”的许多战例,也有过为争夺水源而发生的战争。近现代水资源矛盾日益加剧,为水而战的情况时有发生。世界上有 300 多条河流穿越一些国家的边界,世界人口的 40% 生活在那里。由供水而引起的纠纷使 140 个地区出现紧张局势,国际社会对此十分关心。联合国有关组织根据世界水资源情况发出警告:21 世纪的战争,很可能是以争夺水资源为主的战争。

在过去 50 年中,世界由水而引发的冲突共 507 起,其中 37 起是跨国境的暴力纷争,21 起演变为军事冲突,因水而起的用水条约共签署了 200 个。

争夺水资源已经并继续成为许多国际冲突的焦点,未来的许多战争将因水而起,“战争难民”也将增加。

二、全球水危机的主要原因

（一）用水量急剧增加是导致全球水危机的主要原因

1949～1990 年，全球人口从 23 亿人增长到 53 亿人，增长了 1 倍多，但人均用水量从 400 m^3/a 增加到 800 m^3/a，也增加了 1 倍，因此全球用水量增加了 4 倍。据估算，到 2050 年，世界人口可能超过 100 亿人，鉴于全世界每年实际可重复利用的水资源仅为 1 400～9 000 km^3，这就意味着全世界的用水量要想再翻两番是不可能的。

（二）水污染和用水浪费

世界人口增长、城市化发展和工农业生产规模的扩大，在大量消耗淡水的同时，又污染了有限的淡水资源，恶化了人类的生存环境。据联合国有关机构统计，全世界每年有多达上千万吨的 Se_2O_3 等有害物质污染着全球的江河湖海。全球 1/10 的河流受到不同程度的污染。发展中国家的城市所产生的工业和人类废弃物，仅有 5% 左右得到处理，其余的废物（包括工业产生的有毒和危险的副产品）大多随处弃置，从而对土壤、河流和地下水造成了严重污染，使大量淡水无法利用。另外，农业灌溉用水的有效利用率不到 50%、工业用水重复利用率低、城市供水系统渗漏等问题也造成了淡水资源的很大浪费，加剧了水资源的短缺。

（三）城市用水集中，水资源供给由农村不断向城市集中

人口城市化是现代社会发展的重要趋势之一。据联合国预测，世界城市人口占总人口的比例将从 1950 年的 25% 增加到 2050 年的 60%。城市生活用水量比农村大很多，城市化的结果使水资源消耗不断向城市集中，改变了水资源供需的区域布局，导致某些地区的供水和卫生状况更加恶化。

（四）森林植被减少

世界许多地区都存在对森林的乱砍滥伐现象，据世界观察研究所 1998 年 4 月估算，全世界每年至少有 1 600 万 hm^2 天然林被夷为平地。目前，赤道圈内的雨林已减少了 32% 以上，西欧自罗马帝国时代以来 2/3 的天然森林已经消失，非洲在过去 100 年间森林减少一半以上，而"地球之肺"亚马孙地区，仅仅在过去 10 多年就毁掉了 40 万 hm^2 的森林。大片森林丧失，使得自然界气候调节能力降低，引起土壤侵蚀，削弱了涵养水源的功能，加重了水旱灾害，对生态和水环境造成灾难性影响。

（五）水资源管理分割

一些国家已经认识到在国际河流、湖泊和地下水的管理上必须通力合作，但仍有很多国家不接受国际社会制定的各种约束和规定，造成水资源管理的分割。这些国家以本国的利益为目的，不计后果地过度开发、利用和污染地表水与地下水，加剧了另外一些地区的水危机。

联合国教科文组织在最新公布的《世界水资源开发报告》（第 2 版）中认为，导致目前全球水危机的主要原因是管理不善。主要存在的问题有以下几个方面。

1. 水资源浪费严重

世界许多地方因管道和渠沟泄漏及非法连接，有多达 30%～40% 甚至更多的水被白白浪费掉了。

2. 发展中国家水资源开发能力不足

水是创造能源的重要资源。欧洲开发利用了75%的水力资源。然而在非洲，水力资源开发率很低，60%的人还用不上电。

3. 用于水资源的财政投入滞后

近年来用于水务部门的官方发展援助平均每年约为30亿美元，世界银行等金融机构还会提供15亿美元的非减让性贷款，但只有12%的资金用在了最需要帮助的人身上，用于制订水资源政策、规划和方案的援助资金仅占10%。

联合国教科文组织在《世界水资源开发报告》(第2版)中指出，全球水资源危机基本上可以说是一场公共管理体系的危机，这个体系"决定了哪些人、在什么时候、通过何种方式、能够得到什么样的水，并且决定了哪些人有权得到水资源以及相关服务"。

三、国际社会关注全球水危机

全球水危机已经引起了国际社会的广泛关注，国际社会也开始采取行动。早在1972年，联合国第一次环境与发展大会就指出："继石油危机之后，下一个危机是水"。

1977年，联合国召开世界水会议，要求把解决水资源短缺问题提到全球战略高度考虑。大会通过的《世界淡水资源综合评价报告》中提出警告：若不采取适当措施，2050年全球2/3的人口将缺乏淡水资源，并将危害经济、农业、生态环境，造成公共卫生和粮食供应危机。

1988年，世界环境与发展委员会(WECD)提出的一份报告中指出："水资源正在取代石油而成为全世界引起危机的主要问题。"1998年，联合国教科文组织总部召开"水与可持续发展"国际会议，围绕全球淡水资源开发及管理存在的问题，提出2000～2010年的"优先行动计划"。该计划主要包括三个部分：①改善淡水资源使用情况信息的收集，促进淡水资源信息的国际合作，以便进行持久管理；②强调淡水资源管理立法，提高水资源管理机构和管理人员的能力；③制订淡水资源可持续管理战略及财务计划。

为了水资源的可持续利用，必须维护流域生态系统的健康运行，国际上提出社会经济用水量不得超过河流总水量的40%。

1991年，国际水资源协会(IWRA)召开的第七届世界水资源大会提出"在干旱或半干旱地区国际河流和其他水源地的使用权可能成为两国间战争的导火线"的警告。

1992年，联合国在爱尔兰首都都柏林召开"水与环境"国际会议，提出水资源综合开发和管理的四大原则：①要把发展人类社会和经济，以及保护人类赖以生存的自然生态系统视为一个整体，而水则是维持一切生命的基础，应当遵循现在的生态系统；②水资源的开发和管理及其工作安排应该重视公众参与；③确认妇女在管理水和保护水方面的关键作用；④水资源应该作为有经济价值的商品来管理。同年，联合国在巴西里约热内卢召开"环境与发展"大会，通过并签署了《21世纪议程》，其中水资源开发、管理和利用的综合办法中提到："淡水是一种有限资源，不仅为维持地球上的一切生命所必需，且对一切社会经济部门都具有生死攸关的重要意义。"

2000年3月在荷兰海牙召开了第二届世界水论坛部长级会议，来自165个国家和地区的代表承诺，在2015年以前将无法得到洁净水的、没有适当卫生条件的人数减少一半。

与会代表签字承诺，要推进在使用边界水资源方面的和平合作，并努力建立起既能反映全部成本又考虑穷人需要的用水收费制度，并表示支持联合国制定的一套方法来衡量在实现上述目标方面取得的进展。会议通过了《海牙宣言》，并确定了今后数年国际水理事会的行动目标。

2001年7月，在荷兰阿姆斯特丹由国际地圈生物圈计划（IGBP）、国际人文计划（IHDP）和世界气候研究计划（WCRP）联合举办的“全球变化科学大会”，以及2001年在荷兰马斯特里举办的第六届国际水文科学大会，均提出“变化环境下的水资源形成与演化规律”和“变化环境下水文循环”观点，并成为21世纪水科学研究的热点。

2002年9月在中国北京召开了“变化环境下水资源脆弱性国际学术研讨会”，会上就“变化环境下的水循环、水资源的可再生性、水资源脆弱性评价的理论和方法”等方面进行了讨论和交流。

四、各国应对水危机的主要对策

（一）控制人口增长

20世纪末，全球人口60亿人时，许多地区出现了水危机，2050年全球人口达100亿人时，人类将面临全球性水资源短缺的灾害。控制人口增长可缓解对水资源的需求压力。

（二）重新评价水的经济价值

把水资源视作具有经济价值的稀缺资源来管理，实现以“水价制量”的水价政策，促进社会节约用水。

合理的用水价格有利于鼓励保护水资源、制止浪费，有助于鼓励采取合适的技术措施和水的再利用，鼓励按科学方法用水。水的价格在很多国家，特别是在一些发展中国家被定得很低，有的甚至是免费使用，这是造成水资源浪费严重的重要根源。所以，要通过合理的价格让人们知道水是一种商品，而且将成为一种珍贵商品，而不是像空气一样的“免费物品”。确定合理的用水价格还意味着取消各种用水补贴，补贴也是各种浪费水行为的根源之一。世界水事委员会建议，致使浪费的普遍用水补贴应该取消，代之以能使投资取得可观收益的水费，而以个别补贴帮助穷人。坚持“污染者缴费，使用者缴费”的原则。对贫困人口的帮助应该明确目标，而不是向所有人都发补贴。

（三）大力推广节水技术

发展节水和合理用水科技，全面改进传统的工农业用水方式，调整产业结构，提高用水效率，这是世界水资源管理的重要发展趋势。

技术开发对合理用水具有至关重要的意义。生产1 kg纸张就需要用水200 L，但先进的系统能使这一数字降至40 L。在灌溉时60%的水通过喷灌设备蒸发掉了，但地下滴灌的做法却可以使水的利用率提高到95%以上。人类亟待改进的用水技术很多，例如，在农业灌溉方面，可以通过改进灌溉技术、强制缩减用于灌溉的水量等措施来减少灌溉方面的浪费。

（四）废污水资源化，洪水资源化

城市处理废污水，用于工业循环用水，既可减少淡水的消耗，又可保护环境，逐步做到工业用水零增长。此外，对高浓度污水进行处理，用于农业灌溉，成为各国农业灌溉的又一发展趋势。

洪水资源化，就是要利用洪水自身有利的一面，通过综合治理手段，依靠对洪水资源的科学分配调度，实现洪水向资源的转化；通过洪水从水资源丰沛地区或相对过剩地区向水资源缺少地区的转移，提高洪水的经济价值，促进社会经济的持续发展。

（五）开辟水源，海水淡化

海水淡化是开拓人类新水源的重要途径。在地球上，97%的水来自海洋，而全球人口的70%居住在离大海不到80 km的地方，所以海水淡化如今已被看作未来解决水问题的途径。技术上的一些改进已使海水淡化显示出光明的前景。

目前全球已有1.5万余座海水淡化厂，其中中东国家的海水利用发展最快，已能满足当地居民近2/3的生活用水需要。

（六）加强水资源管理的国际合作

大多数与水量和水质有关的问题特别是国际河流和国界河流，需要各国政府加强对话，广泛考虑社会生态和经济因素以及各种需要，达成共识，采取一些国家和地区之间的联合行动，保证水资源更为合理地分配。

世界水事委员会建议，通过建立用户委员会，使水资源使用者同政府一样拥有发言权，并设立水资源创新基金，以鼓励人们为水资源的利用提供建设性意见，彻底改革解决水资源拥有权和使用权纠纷的机制，从法律和制度方面加强对全球水资源的保护。各国都应遵守有关水资源利用方面的国际公约，对水资源统筹利用，从生态角度考虑使用水资源的问题，遵循“有偿使用”的原则，以此促进经济发展。

第二章 中国的水资源与水利发展

洪涝灾害、干旱缺水、水土流失和水环境恶化是中国的四大水问题。这四大水问题都是由我国特有的自然环境及水资源分布状况所决定的。

第一节 中国自然环境基本特征

一、地理纬度跨度大

中国边界顶端位置:北起黑龙江省漠河以北的黑龙江主航道的中心线(北纬53°31′),南至南海南沙群岛的曾母暗沙(北纬4°15′),西起新疆维吾尔自治区乌恰县以西的帕米尔高原(东经73°附近),东至黑龙江省抚远县境内黑龙江与乌苏里江主航道汇合处(东经135°多)。南北相距5 500 km,跨纬度49°16′;东西相距5 200 km,跨经度约62°。

二、地形复杂,高原、山地和丘陵占有很大比重

中国地形高度悬殊,珠穆朗玛峰海拔8 844.43 m,新疆艾丁湖却低于海平面154 m,整个地势西高东低。如贺兰山、龙门山、巫山到哀牢山一线西部地形高度较大,东部则较小。中国地势可分为三级阶梯(见图2-1)。

第一级阶梯:青藏高原,海拔4 000 m以上,高原上岭谷并列、湖泊众多、雪峰连亘,主要山脉是昆仑山,还有阿尔金山、祁连山、唐古拉山、冈底斯山、喜马拉雅山和横断山一部分。高原上空气稀薄、降水较少,高原边缘降水较多。

第二级阶梯:青藏高原以北及川东,海拔1 000~2 000 m,由内蒙古高原、黄土高原、云贵高原和阿尔泰山、大兴安岭和太行山等山脉组成,高原之间有准噶尔盆地、塔里木盆地、柴达木盆地和四川盆地等。夏季风北缘可深入该阶梯上空,降水量明显增多。

第三级阶梯:大兴安岭、太行山、巫山及云贵高原东缘以东直至海滨,丘陵与平原交错分布,大部分山丘的海拔在1 000 m以下,滨海平原如东北平原、华北平原、长江中下游平原及珠江三角洲平原海拔在50 m以下。该区夏季风活动频繁,降水量充沛。该区以东还包括沿海众多岛屿,最大者为台湾岛,降水量为全国之冠,该岛东侧为陡斜大陆坡,直下降到-4 000 m以下的太平洋深海。

中国地形复杂,山地面积占全国面积的33%,高原面积占全国面积的26%,丘陵面积占全国面积的10%,盆地面积占全国面积的19%,平原面积占全国面积的12%。

中国山脉众多,按其走向可分为东西向、东北西南向及南北向三大类,山脉的分布影响水汽输送,使我国降水分布具有大尺度的带状分布的特点。

受地形、地貌及众多山脉的影响,我国河流可分为内流河和外流河。直接或间接地流入海洋的河流叫外流河,外流河的流域称为外流区;不能流入海洋、只能流入内陆湖或在

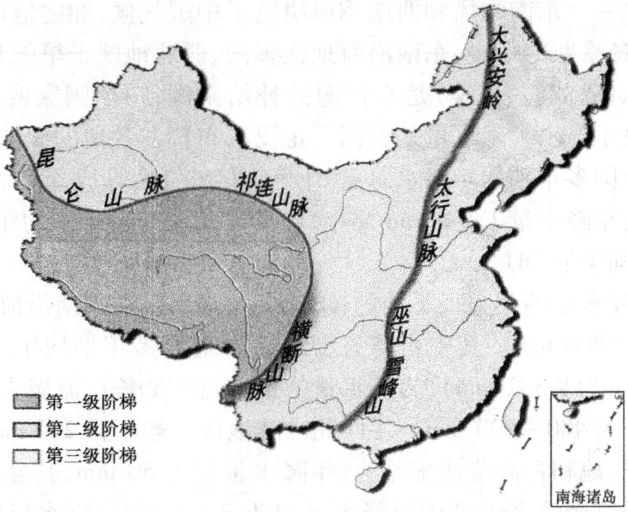

图 2-1　中国地势三级阶梯示意图

内陆消失的河流叫内流河,内流河的流域称为内流区。外流河水流补给主要来自天然(大气)降水,夏季水量最大,原因是夏季时盛行来自海洋的夏季风,降水多,河流水量大。内流河水流补给主要来自高山冰雪融水,夏季水量最大,原因是夏季气温高,高山冰雪融水量大,河流水量大。我国河流外流区和内流区的分界线为从大兴安岭西麓起,沿东北—西南向,经阴山、贺兰山、祁连山、巴颜喀拉山、唐古拉山、冈底斯山,直至我国西南端国境。此线以东、以南,均为外流河,分别流入太平洋和印度洋;此线以西、以北,除额尔齐斯河经俄罗斯流入北冰洋外,其余均属内流河。

三、季风气候明显,雨热同期,气候复杂多样

夏季,全国大部分地区盛行东南季风和西南季风,来自太平洋上空的东南季风和来自印度洋及我国南海上空的西南季风为我国上空带来了丰富的水汽,受其影响,我国大部分地区进入雨季;西北内陆地区因远离海洋以及受高山、高原的阻挡,季风难以深入,降水偏少,为干旱和半干旱区。

冬季,我国大部分地区受来自欧亚大陆的冷气流控制,全国盛行西北风,来自西伯利亚的寒流可长驱直入长江以南。北方雨雪稀少,寒冷干燥;南方雨水也较少。

东部季风区在年内受西太平洋副热带高压线的西伸、东退、北进和南撤的影响,南北雨季也随之变化。

第二节　中国水资源及分布状况

一、中国水资源概况

(一)中国的降水和蒸发

中国地处北半球亚欧大陆的东部,东南濒临世界最大的海洋——太平洋,是世界上季

风最显著的国家之一。东南季风和西南季风决定了中国气候，加之地形西高东低，因而形成夏秋湿润多雨、冬季寒冷干燥，东南沿海地区多雨、西北地区干旱的基本特点。

降水（包括雨、雪、冰雹、霰等）是水资源的补给来源，一个国家或地区水资源是丰富还是匮乏主要取决于降水。降水量是根据一定要求布置在各地的雨量站用特定的器具观测计算而来的。全国多年平均年降水总量 61 900 亿 m^3，换算成深度为 648 mm。这一数量远比全球平均的年降水量 1 130 mm 要小，比世界陆地的多年平均年降水量 798 mm 要小，也不及亚洲的同类值 741 mm。

在中国各地，降水量的分布很不均匀：①最多的降水量在东南沿海地区和西南部分地区，每年可以超过 2 000 mm。其中台湾省台北市火烧寮多年平均年降水量为 6 558 mm（记录最大年降水量为 8 507 mm），为降水量的最大值。②长江流域为 1 000 ~ 1 500 mm。③华北和东北地区为 400 ~ 800 mm。④西北内陆地区一般不到 200 mm。其中，在新疆塔里木盆地、吐鲁番盆地和青海柴达木盆地，年降水量仅为 50 mm，其盆地中心地带甚至小于 25 mm。新疆托克逊的多年平均年降水量仅为 3.9 mm，是降水量的极小值。中国有 60% 的地区年降水量小于 500 mm，其中有 40% 的地区小于 350 mm，经常受到干旱的威胁。通常把年降水量小于 250 mm 的地区称为干旱地区，年降水量在 250 ~ 500 mm 的地区称为半干旱地区。

各地降水量在时间上的分配也很不均衡。随着季风到来的早晚，降水也表现出季节性，甚至呈现为明显的雨季和干季。降水的主峰，在长江以南地区，集中在每年的3 ~ 6 月或 4 ~ 7 月，此 4 个月的降水量可占到全年总量的 50% ~ 60%。华北和东北地区雨季在 6 ~ 9月，其降水量可占全年总量的 70% ~ 80%。西南地区 5 ~ 10 月为雨季，四川、云南和青藏高原东部，6 ~ 9 月的雨量占全年的 70% ~ 80%。新疆的西部和北部在大西洋与北冰洋水汽影响下，降水量虽然不多，但是在一年之内却比较均匀。专家们把中国的降水划分为许多类型，见图 2-2。降水在历年的变化（称为年际变化）也是突出的，尤其是在总降水量不多的地区和降水较少的季节里。例如，云南昆明最大与最小年降水量的比值为 1.9，黑龙江哈尔滨的比值为 3.0，而甘肃敦煌的比值为 16.5。降水量在时间和年际的变化是客观规律，但是这些变化或称不稳定性，给人类用水带来许多麻烦、困难，甚至造成特大洪水、特大干旱等严重的水旱灾害。

蒸发是液态水变成气态水逸入大气中的一种现象。有多种多样的蒸发：蒸发面是水面的称为水面蒸发，蒸发面是裸露土的称为土壤蒸发，蒸发面是植物茎、叶的称为植物散发。对于流域而言，这几种蒸发都有，统称为流域蒸发，也称陆面蒸发。其实蒸发随时随地在进行着，即使是雨滴在降落时也有蒸发。蒸发是自然界水循环的重要一环，但是在降水形成径流的过程中，是支出项，是一种损失项，因此值得研究和注意。同时，蒸发要消耗热量，抑制蒸发就可以保温，农作物的生长有时须考虑这方面的措施。和降水量一样，蒸发量也是通过观测和计算得到的。蒸发的快慢、蒸发量的大小与当地的气温、风速和空气的湿度都有关系。

中国多年平均年水面蒸发量最高值为 2 600 mm，最低值为 400 mm。长江流域的大部分地区、华北平原地区南部、东北平原的大部分地区，水面蒸发量为 800 ~ 1 500 mm。年陆面蒸发量的分布情况大致与降水相似，东南部高，西北部低，呈递减态势。西北地区

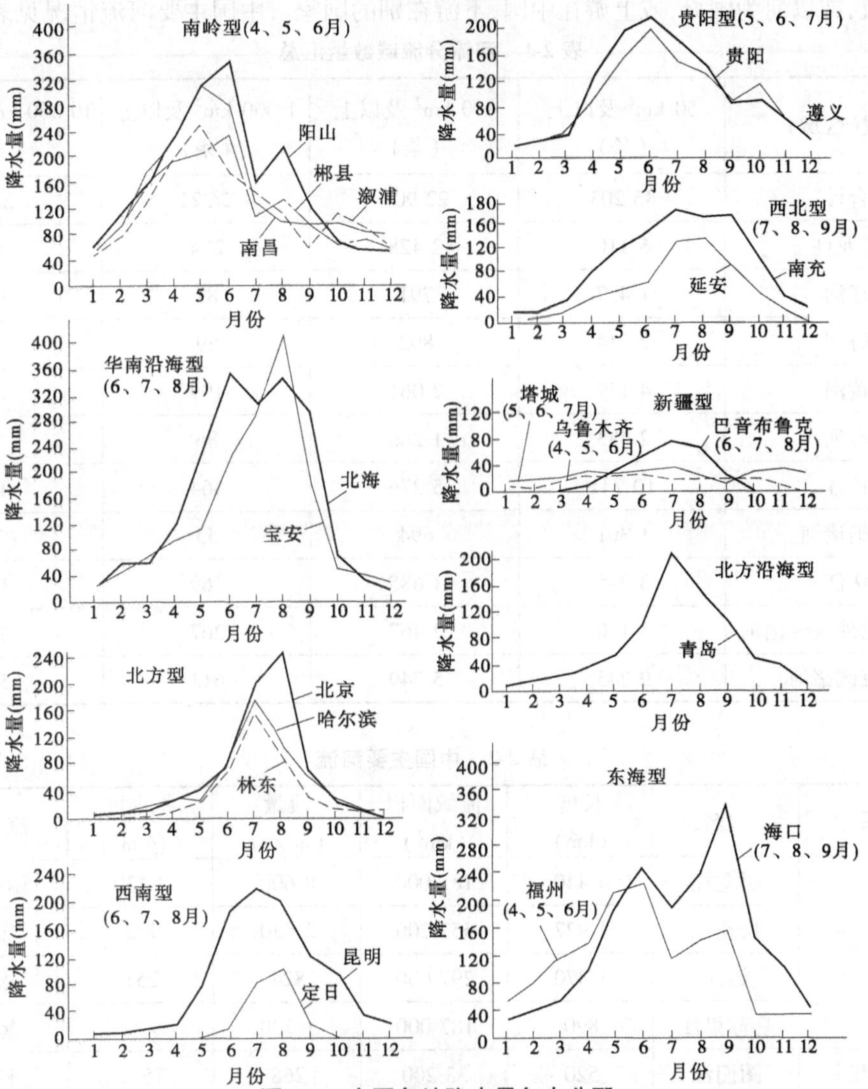

图 2-2　中国各地降水量年内分配

和青藏高原的年陆面蒸发量在 300 mm 以下，海河流域、黄河中下游和东北大部分地区为 500 mm，淮河以南、云贵高原以东为 700 ~ 800 mm。

（二）中国河流和湖泊

据统计，我国共有流域面积 50 km^2 及以上河流 45 203 条，总长度为 150.85 万 km；流域面积 100 km^2 及以上河流 22 909 条，总长度为 111.46 万 km；流域面积 1 000 km^2 及以上河流 2 221 条，总长度为 38.65 万 km；流域面积 10 000 km^2 及以上河流 228 条，总长度为 13.28 万 km（见表 2-1）。

前面讲到，根据河水最终是否流入海洋，可以将河流分为内流河和外流河，内流河和外流河对应的流域分别为内流区和外流区。我国外流区约占全国面积的 2/3，河流分别流入太平洋、印度洋和北冰洋。有一些河流，例如东北的黑龙江及其支流乌苏里江、图们江、鸭绿江，西北的额尔齐斯河、伊犁河，西南的雅鲁藏布江、怒江、澜沧江、元江等，都属于国际性河流，或以河为国界，或上游在中国，下游在别的国家。中国主要河流情况见表 2-2。

表 2-1　河流分流域数量汇总

流域(区域)	50 km^2 及以上(条)	100 km^2 及以上(条)	1 000 km^2 及以上(条)	10 000 km^2 及以上(条)
合计	45 203	22 909	2 221	228
黑龙江	5 110	2 428	224	36
辽河	1 457	791	87	13
海河	2 214	892	59	8
黄河	4 157	2 061	199	17
淮河	2 483	1 266	86	7
长江	10 741	5 276	464	45
浙闽诸河	1 301	694	53	7
珠江	3 345	1 685	169	12
西南西北外流区诸河	5 150	2 467	267	30
内流区诸河	9 245	5 349	613	53

表 2-2　中国主要河流

河系	河名	长度(km)	流域面积(km^2)	流量(m^3/s)	年水量(亿 m^3)	流入水域
黑龙江	黑龙江	4 440	185 000	8 600	3 430	鞑靼海峡
	松花江	1 927	557 200	2 530	742	黑龙江
	嫩江	1 370	297 000	824	251	松花江
	乌苏里江	890	187 000	1 200		黑龙江
图们江	图们江	520	33 200	268	75.2	日本海
鸭绿江	鸭绿江	795	62 800	1 000	291	黄海
辽河	辽河	1 345	219 000	302	150	渤海
滦河	滦河	877	44 900	149	48	渤海
海河	海河	1 090	263 400	717	228	渤海
黄河	黄河	5 464	752 000	1 820	560	渤海
	洮河	699	31 400	172		黄河
	大黑河	274	13 700	5.7		黄河
	汾河	672	38 700	53	20	黄河
	渭河	745	106 500	292	87	黄河

续表 2-2

河系	河名	长度 (km)	流域面积 (km^2)	流量 (m^3/s)	年水量 (亿 m^3)	流入水域
淮河	淮河	1 000	269 000	1 110	620	长江
	沂河	322	11 600	122		骆马湖
长江	长江	6 397	1 808 500	31 060	9 755	东海
	雅砻江	1 500	128 000	1 810		金沙江
	大渡河	1 062	91 100	1 500	644	岷江
	岷江	735	133 000	2 850		长江
	嘉陵江	1 119	159 700	2 120		长江
	乌江	1 018	87 800	1 650		长江
	澧水	372	18 500	574		洞庭湖
	沅江	1 060	89 000	2 170		洞庭湖
	资水	590	28 000	759		洞庭湖
	湘江	817	94 600	2 370		洞庭湖
	汉水	1 530	159 000	1 710		长江
	赣江	744	835 00	2 130		鄱阳湖
钱塘江	钱塘江	428	422 00	1 480	389	东海
瓯江	瓯江	338	17 500	615		东海
闽江	闽江	541	61 000	1 980	629	东海
九龙江	九龙江	258	14 700	446		台湾海峡
韩江	韩江	325	34 300	942		南海
浊水溪	浊水溪	186	3 170	176	54	台湾海峡
下淡水溪	下淡水溪	159	3 260	228		南海
珠江	珠江	2 214	454 000	11 000	3 260	南海
	柳江	730	54 200	1 520		黔江
	郁江	1 162	90 700	1 700		浔江
	桂江	437	19 000	570		西江
	北江	468	38 400	1 260		珠江
	东江	523	25 300	700		珠江
鉴江	鉴江	211	9 430	270		南海
南渡江	南渡江	311	7 180	180	70	琼州海峡
元江	元江	565	76 300	634	484	北部湾

续表 2-2

河系	河名	长度（km）	流域面积（km^2）	流量（m^3/s）	年水量（亿 m^3）	流入水域
澜沧江	澜沧江	1 612	154 000	2 350	740	南海
怒江	怒江	1 659	137 800	2 000	687	安达曼海
雅鲁藏布江	雅鲁藏布江	2 057	240 500	4 420	1 654	孟加拉湾
额尔齐斯河	额尔齐斯河	633	57 290	342	100	斋桑泊
乌伦古河	乌伦古河	715	2 200	35.6		乌伦古湖
伊犁河	伊犁河	601	61 600	410	170	巴尔喀什湖
玛纳斯河	玛纳斯河	406	4 060	40.5		玛纳斯湖
塔里木河	塔里木河	2 300	198 000		50	台特马湖
	阿克苏河	419	35 900	195	76	塔里木河
	喀什噶尔河	505	11 500	61.9		叶尔羌河
	叶尔羌河	1 037	48 100	203	74	塔里木河
	和田河	1 090	28 200	142	45	塔里木河
	车尔臣河	527	18 100	16.4		罗布泊
格尔木河	格尔木河	419	15 500	23.5		达布逊湖
疏勒河	疏勒河	540	20 200	26.4		罗布泊
黑河	黑河	780	35 600	47.3		

我国共有常年水面面积 1 km^2 及以上湖泊 2 865 个，水面总面积 7.80 万 km^2（不含跨国界湖泊境外面积）（见表 2-3）。其中：淡水湖 1 594 个，咸水湖 945 个，盐湖 166 个，其他 160 个。

表 2-3　湖泊分流域数量汇总

流域（区域）	1 km^2 及以上（个）	10 km^2 及以上（个）	100 km^2 及以上（个）	1 000 km^2 及以上（个）
合计	2 865	696	129	10
黑龙江	496	68	7	2
辽河	58	1	0	0
海河	9	3	1	0
黄河	144	23	3	0
淮河	68	27	8	2
长江	805	142	21	3
浙闽诸河	9	0	0	0
珠江	18	7	1	0
西南西北外流区诸河	206	33	8	0
内流区诸河	1 052	392	80	3

我国主要湖泊的分布及其他概况如表2-4所示。

表2-4　中国主要湖泊

湖名	湖面高程（m）	湖面面积（km^2）	最大水深（m）	容积（亿 m^3）	类别	所在地
青海湖	3 196	4 635	28.7	854.4	咸	青海
兴凯湖	69	4 380		27.1	淡	黑龙江
鄱阳湖	21	3 583	16.0	248.9	淡	江西
洞庭湖	33	2 740	30.8	178.0	淡	湖南
太湖	3	2 420	4.8	48.7	淡	江苏、浙江、上海
呼伦湖	545	2 315	8.0	131.3	咸	内蒙古
洪泽湖	13	2 069	5.5	31.3	淡	江苏
纳木湖	4 718	1 940	35.0	（768）	咸	西藏
奇林湖	4 530	1 640	33.0	（492）	咸	西藏
南四湖	33～34	1 268	6.0	25.3	淡	山东
艾比湖	189	1 070			咸	新疆
博斯腾湖	1 048	1 019	15.7	99.0	咸	新疆
扎日南木湖	4 613	1 000		（60）	咸	西藏
巢湖	10	820	5.0	36.0	淡	安徽
鄂陵湖	4 269	611	30.7	107.6	淡	青海
贝尔湖		608		54.8	淡	内蒙古
扎陵湖	4 293	526	13.1	46.7	淡	青海
赛里木湖	2 071	464		232.0	咸	新疆
玛旁雍湖	4 587	412		202.7	咸	西藏
滇池	1 885	330	8.0	15.7	淡	云南
连环泡	139	276	4.6	6.1	淡	
抚仙湖	1 875	217		173.5	淡	云南
喀顺湖	5 556				咸	西藏
艾丁湖	-154	150			咸	新疆
白头山天池	2 194	9.8	373.0	20.0	淡	吉林
日月潭	760	7.7		1.4	淡	台湾

（三）中国水资源总量

中国水资源总量28 124亿 m^3，其中河川平均年径流量27 115亿 m^3，地下水量8 840亿 m^3，重复计算量7 831亿 m^3。中国还有年平均融水量近500亿 m^3 的冰川以及近500

万 km^3 的近海海水。我国河川平均年径流量相当于全球陆面年径流总量的 5.7%，居世界第 6 位，低于巴西、俄罗斯、加拿大、美国和印度尼西亚。但由于我国国土辽阔、人口众多，耕地面积也较大，平均径流深(284 mm)低于全球平均径流深(314 mm)，人均、亩[1]均占有水量都相当低。2000 年我国人均占有河川径流量为 2 086 m^3，仅为世界人均占有量的 1/4，是美国的 1/5、印度尼西亚的 1/6、加拿大的 1/50。日本河川径流量仅为我国的 1/5，但人均占有量却为我国的 2 倍。我国亩均占有河川径流量为 1 800 m^3，是世界亩均占有量的 76%，远低于印度尼西亚、巴西、日本和加拿大，我国被联合国列为 13 个贫水国家之一。从我国人均、亩均占有水资源量来看，我国水资源并不丰富，水资源在我国是十分珍贵的自然资源。有效保护和节约水资源是我国长期坚持的方针。

二、中国水资源的分布状况

雨热同期是我国水资源最突出的优点，较高的气温、充足的雨水是许多作物生长需要同时具备的自然条件。我国各地 6、7、8 月高温期，一般也是全年降水量最多的时期，这就具备了作物生长的良好条件，因此有可能在有限的土地上经过辛勤耕耘取得丰硕的成果。我国国土面积占世界陆地面积的 6%，却养育着占世界 20% 的人口。同时，我国水资源也存在一些不能完全适应人类生活、生产活动的矛盾，即空间分布和时程分配的不均匀。

(一)我国水资源地区分布不均，有余有缺

我国水资源的地区分布很不均匀，南方多、北方少，相差悬殊。长江流域及其以南的珠江流域、东南诸河和西南诸河等南方四区，平均年径流深都在 500 mm 以上，其中东南诸河片平均年径流深超过 1 000 mm。北方六区中，淮河流域片 225 mm，略低于全国均值，黄河、海河、辽河、松花江四片平均年径流深仅有 100 mm 左右，西北内陆河流域平均年径流深仅有 32 mm。中国分区水资源总量变化如表 2-5 所示。

1997 ~ 2006 年，全国年平均降水量为 635.4 mm，比常年值偏少 1.1%，其中北方六区偏少 3.4%，而南方四区则偏多 0.3%；全国年平均地表水资源量为 26 722 亿 m^3，比常年值偏多 0.1%，其中北方六区偏少 5.4%，而南方四区则偏多 1.2%；全国年平均地下水资源量为 8 302 亿 m^3，比 1980 ~ 2000 年多年平均值偏多 2.9%。全国年平均水资源总量为 27 786 亿 m^3，比常年值仅偏多 0.3%，其中北方六区偏少 4.0%，而南方四区则偏多 1.3%。按省级行政区统计，近 10 年平均水资源总量比常年值偏多程度较大的有上海(29.6%)，偏多 20% ~ 10% 的有江苏、新疆和湖南；比常年值偏少程度较大的有天津(49.4%)、北京(42.8%)、河北(36.6%)，偏少 30% ~ 20% 的有辽宁、山西、甘肃和陕西。

我国水资源地区分布与人口和耕地的分布很不相应。南方四区面积占全国总面积的 36.5%，耕地面积占全国总耕地面积的 36.0%，人口占全国总人口的 54.6%，但水资源总量却占全国水资源总量的 81%，人均占有量为 4 180 m^3，约为全国均值的 15 倍，亩均占有量达 21 800 m^3，约为全国均值的 12 倍。辽河、海河、黄河、淮河 4 个流域片，总面积占全国面积的 18.7%，相当于南方四区面积的 1/2，但水资源总量仅有 2 702 亿 m^3，仅相当于南方四区水资源总量的 12%。而且这四区多为大平原，耕地很多，占全国总耕地面积的

[1] 1 亩 = 1/15 hm^2 ≈ 666.67 m^2。

45.2%，人口密度也较高，人口占全国总人口的38.4%。其中以海河流域最为突出，人均占有水资源仅有430 m^3，为全国均值的16%，亩均占有水量仅有251 m^3，为全国均值的14%。

表2-5　中国分区水资源总量变化　（单位：亿m^3）

分区	1997年	1998年	1999年	2000年	2001年	2002年	2003年	2004年	2005年	2006年	2007年	2008年
松花江	1 682.8	2 881.1	1 377.1	1 395.1	1 420.3	1 373.0	1 424.0	1 189.9	1 525.0	1 283.5	927.7	982.7
辽河							345.2	419.0	549.7	393.4	381.9	393.9
海河	212.1	353.8	192.5	269.6	200.2	159.0	321.1	299.6	267.1	219.8	247.8	294.5
黄河	481.5	677.2	625.9	565.9	513.3	473.4	827.3	628.0	756.3	564.3	655.3	559.0
淮河	625.3	1 403.4	587.4	1 232.9	592.1	695.0	1 851.7	752.2	1 399.6	881.4	1 365.9	1 047.2
长江	9 274.2	13 127.1	11 264.9	10 032.4	8 887.0	10 890.8	10 064.8	8 734.6	9 887.0	8 059.6	8 807.8	9 457.2
东南诸河	2 433.3	2 580.8	2 252.0	2 128.9	2 104.4	2 314.4	1 312.4	1 323.8	2 261.7	2 340.4	1 799.8	1 735.2
珠江	6 478.2	5 155.1	4 403.9	4 429.4	5 817.6	5 251.1	4 172.2	3 512.8	4 391.3	4 997.3	3 985.9	5 696.8
西南诸河	5 356.1	6 286.5	5 927.7	6 123.3	5 700.8	5 640.5	5 771.6	5 969.3	5 561.8	5 171.8	5 739.1	5 944.4
西北诸河	1 311.3	1 552.1	1 564.4	1 523.5	1 632.2	1 457.3	1 369.9	1 300.4	1 453.5	1 418.6	1 343.9	1 323.4
全国合计	27 854.8	34 017.1	28 195.8	27 701.0	26 867.9	28 254.5	27 460.2	24 129.6	28 053.0	25 330.1	25 255.1	27 434.3

注：资料来源于《中国水资源公报》（1997—2008）。

（二）水资源的年际和季节变化大，水旱灾害频繁

我国大部分地区季风影响明显，降水量的年际变化和季节变化都很大，而且贫水地区的变化一般大于丰水地区。我国南部地区最大年降水量一般是最小年降水量的2～4倍，北部地区一般是3～6倍。南部地区最大年径流量一般是最小年径流量的2～4倍，北部地区一般是3～8倍，有的地区高达10多倍。我国历年汛期最大降水量都为同年最小月降水量的10倍以上，有的地区高达100倍。我国多数地区雨季为4个月左右，南方有的地区雨季长达6～7个月，北方干旱地区仅有2～3个月。全国大部分地区连续最大4个月降水量占全年降水量的70%左右。南方大部分地区连续最大4个月径流量占全年径流量的60%左右，华北平原和辽宁沿海可达80%以上。

第三节 中国水利的发展与成就

水利历来是治国安邦的大事。新中国成立 60 多年来，在党和政府的领导下，我国水利事业发生了翻天覆地的变化，水利建设成效显著。

新中国在成立之初，作为泱泱大国，较大的水库仅 22 座，江河堤防只有 4.2 万 km。

如今，我国已建成各类水库 9.8 万座，其中大型水库就达 756 座，中型水库 3 938 座，小型水库更是星罗棋布。水利工程年供水能力达到 9 323 亿 m^3，特别是已经累计解决了 2.72 亿农村人口的饮水困难和 1.65 亿农村人口的饮水安全问题。

如今，我国已经修建堤防 41.37 万 km，防洪保护区内 5.7 亿人口、4.6 万 hm^2 耕地以及重要基础设施的防洪安全基本得到保障；建成小水电站（装机容量 5 万 kW 以下）4.5 万余座，总装机容量 5 127 万 kW；全国农田灌溉面积扩大到 8.77 亿亩，占世界总额的1/5，居世界首位；累计初步治理水土流失面积 101.6 万 km^2，实施封育保护面积 72 万 km^2。

如今，我国已基本形成了防洪抗旱减灾、供水灌溉排水、水土保持及水生态环境保护等比较完善的水利基础设施体系，战胜了频繁发生的水旱灾害，为防洪安全、粮食安全、供水安全和生态安全提供了有力的保障。我国以占全球 6% 的淡水资源、9% 的耕地，保障了占全球 21% 的人口的温饱并向全面小康社会迈进。

一、江河治理与防洪减灾

我国江河众多，洪涝灾害历来是中华民族的心腹大患。新中国成立以来，我国对大江大河进行了系统的大规模治理。如今，全国水利基础设施建设硕果累累，大量水利工程全面发挥效益。大江大河主要河段基本具备防御新中国成立以来最大洪水的能力。中小河流具备防御一般洪水的能力，重点海堤设防标准达到 50 年一遇。60 多年来，我国防洪减灾直接经济效益达 3.93 万亿元，因洪涝灾害死亡人数大幅减少。60 多年来，我国成功应对了多次流域性大洪水，成功抵御了东南沿海地区的强台风袭击，以及部分地区频繁发生的严重山洪灾害，最大限度地减轻了洪涝灾害损失。防洪保护区内 5.6 亿人口、600 多座城市、6.9 亿亩耕地以及重要基础设施的防洪安全基本得到保障。

长江是中国的第一大河。60 多年来，长江流域开展了大规模的堤防建设，建成了三峡、丹江口、隔河岩等一大批控制性水库，实施了平垸行洪、退田还湖和大量的河道治理工程，初步形成了工程配套较为完善的流域防洪体系，防洪保安能力显著提高，战胜了历次大洪水。

“黄河宁，天下平”，新中国成立初期，毛泽东主席就嘱咐“一定要把黄河的事情办好”。60 多年来，兴建了小浪底等一批水利枢纽工程，完成了下游三次大修缮，并实施了标准化堤防建设，开展了大规模河道整理工程；加强了东平湖、北金堤等分滞洪区建设，初步形成了“上拦下排，两岸分滞”的防洪工程体系，确保了黄河岁岁安澜。

淮河是新中国成立后第一条重点治理的大河，继 20 世纪 50 年代大规模的淮河治理后，特别是 1991 年淮河大洪水后，国家进一步加大治淮力度，确定了 19 项治淮骨干工程，有效构建了淮河流域防洪体系框架，提高了流域总体防洪标准，全流域防御洪灾风险能力大大提高。

1963 年海河大洪水后，毛泽东主席发出“一定要根治海河”的伟大号召，海河进入了全面治理的新阶段，经过几次大规模系统治理，海河流域初步建成了城乡供水、水生态环境保护和修复、防洪减灾、综合管理等四大保障体系，保障了流域防洪安全，促进了流域经济社会快速发展。

松辽流域水利建设发展迅速，特别是 1998 年嫩江、松花江大水后，大规模增加了治理开发的投入，建成了尼尔基等大型水利枢纽，松花江、辽河等堤防得到全面整治，初步形成了有效的防洪减灾体系。

珠江流域在江河治理和水资源开发、利用、保护与管理方面进行了不少的探索，兴建了飞来峡、百色、龙滩等重点水利水电枢纽，成功实施了珠江水量统一调度，流域水利事业取得了辉煌的成就。

新中国成立后，太湖流域开展了大规模的水利建设，1991 年太湖流域大洪水后，流域综合治理 11 项骨干工程相继开工建设，初步建成了“蓄泄兼筹，以泄为主”的流域防洪骨干工程体系，战胜了多次洪水和台风的袭击。

（一）病险水库加快除险

新中国成立以来，先后修建了 9.8 万座水库，在防洪、灌溉、供水、发电、航运等方面发挥了巨大作用。为了保障水库安全运行，持续发挥效益，21 世纪以来，国家加大对病险水库除险加固的投入力度，目前已完成或正在实施除险加固的病险水库达 9 000 多座。

（二）战胜了历次大洪水和台风

我国大江大河多次发生大洪水，台风登陆频繁，依靠不断完善的防洪体系，广大军民与洪水、台风灾害进行了顽强的斗争，取得了重大胜利，最大限度地减轻了灾害损失。

（三）取得了抗震救灾重大胜利

四川汶川特大地震使大量水库、水电站、堤防、供水设施遭到严重破坏，山体滑坡形成堰塞湖，严重威胁灾区广大人民群众的生命安全和重要基础设施的安全，按照党中央、国务院及国家抗震救灾总指挥部统一部署，水利部快速反应，紧急动员，积极应对，举全部之力、全行业之力，开展了艰苦卓绝的水利抗震救灾工作，有效地防范了次生灾害，以最快的速度恢复了灾区的供水，全部震损水库、水电站无一垮坝，堤防无一决口，人员无一伤亡，堰塞湖除险工作卓有成效，创造了世界上处置大型堰塞湖的奇迹，确保了人民群众生命安全。

（四）防汛指挥科学有序

国家加大了水文和信息化等防汛抗旱非工程措施建设力度，形成较为先进、完善配套的防汛抗旱非工程体系，为科学有序地做好防汛抗旱工作奠定了坚实基础。

（五）防洪减灾效益显著

1. 确保了防洪安全

平均每年减淹耕地 271 万 hm^2，平均每年减免粮食损失 1 017 万 t，60 多年防洪减灾直接经济效益 3.93 万亿元。

2. 确保了供水安全

平均每年抗旱浇地面积 4.58 亿亩，平均每年挽回粮食损失 4 069 万 t，平均每年解决

2 603 万人临时饮水困难。

3. 因灾死亡人数大大减少

20 世纪 50 年代年均因灾死亡 8 976 人,20 世纪 70 年代年均因灾死亡 5 308 人,20 世纪 80 年代年均因灾死亡 4 338 人,20 世纪 90 年代年均因灾死亡 3 744 人,2001 年以来年均因灾死亡 1 507 人,其中 2008 年因灾死亡人数降至 633 人。

二、城乡供水与农村饮水

60 多年大规模的水利建设,使我国供水能力得到极大的提高,水利工程年供水能力达到 6 591 亿 m^3,比 1949 年增加了 5 倍,基本满足了城乡经济社会和生态环境的用水需求,有效应对了多次严重干旱,最大程度地减轻了旱灾损失。为解决一些城市的严重缺水问题,我国还先后实施了南水北调以及引滦入津、引碧入连、引黄入青、东深供水等大型调水工程。党和政府高度重视解决农村饮水问题,多年来已经累计解决了 2.72 亿农村人口的饮水困难和 1.65 亿农村人口的饮水安全问题,提前 6 年实现了联合国千年宣言提出的"到 2015 年底前使无法获得安全饮用水的人口比例降低一半"的目标,2013 年,我国政府完全解决农村饮水安全问题,结束群众吃高氟水、咸苦水的历史。

三、农田水利与灌区改造

水利是农业的命脉,是粮食安全的重要支撑。我国长期以来坚持开展农田水利基本建设,形成了较为健全的农田水利工程体系,农业抗御水旱灾害的能力得到极大提高。60 多年来,我国共建成各类农田水利灌排工程 1 000 万处,农田灌溉面积由 1949 年的 2.4 亿亩发展到 2008 年的 8.77 亿亩,居世界首位。已建成万亩以上的灌区 6 414 处,有效灌溉面积 4.42 亿亩。20 世纪 90 年代以来,农田水利开始走内涵发展道路,把节水灌溉作为革命性措施来抓。自 1996 年开始,我国对大型灌区进行续建配套与节水改造,农业灌溉水利用系数提高到 0.475,全国工程节水灌溉面积达到 3.67 亿亩。我国以占耕地面积 48% 的灌溉面积,生产了占全国总产量 75% 的粮食和 90% 的棉花、蔬菜等经济作物。

四、水土保持与生态修复

我国是世界上水土流失最严重的国家之一,全国水土流失面积 356 万 km^2,占国土面积的 37%。新中国成立 60 多年来,我国水土流失治理不断加强,水土保持、生态环境建设得到有力推进。全国累计初步治理水土流失面积 101.6 万 km^2,同时,充分发挥大自然的自我修复能力,实施封育保护面积 72 万 km^2,其中有 39 万 km^2 的林草植被得到初步修复。全国共批准并实施生产建设项目的水土保持方案 25 万项,开发建设过程中的水土流失量大幅度减少。水土保持措施每年可减少水土流失量 15 亿 t 以上,增加蓄水能力 250 多亿 m^3,增产粮食 180 亿 kg,解决了水土流失区 2 000 万人的温饱。近年来,我国开展了以水利措施修复生态环境的大规模实践,水生态环境逐步好转,谱写了一曲优美的绿色颂歌!

五、小水电与农村电气化

我国江河湖泊众多,水能资源储藏量大,是世界水能资源最丰富的国家。我国十分重视小水电的开发,已累计建成4.5万多座小水电站,总装机容量达到5 127万kW,年发电量1 600多亿kWh,约占全国水电装机容量和年发电量的30%。自1983年起,我国建成了以小水电供电为主的653个初级电气化县和409个水电农村电气化县,全国1/2的地域、1/3的县、1/4的人口主要依靠小水电供电,为社会主义新农村建设和小康社会建设作出了突出贡献。2003年以来,国家启动了小水电代燃料试点,山区20多万户80多万农民告别了祖祖辈辈上山砍柴、烟熏火燎的日子,保护森林面积350多万亩。

六、节水型社会建设

改革开放30多年来,中国经济保持了年均近10%的高速增长率,而用水总量却实现了微增长;在连续30年保持农业灌溉用水量零增长的情况下,有效灌溉面积增加了近1.2亿亩,粮食产量提高近50%。以2002年水利部颁布《中国水功能区区划(试行)》为标志,我国实施了以水功能区区划制度为主的水资源保护制度,在重要江河纳污能力核定、限制排污总量、七大流域入河排污口调查登记及饮用水源保护等方面取得了显著成就,水资源保护力度得到了有效加强。近年来,我国以水权水市场理论为指导,着力推进节水型社会建设试点,取得了突破性进展,全国陆续开展了张掖、大连、绵阳、西安等82个全国节水型社会建设试点和200个省级试点,积极探索不同类型地区节水型社会建设模式,辐射和带动了全国节水型社会建设的深入开展,为我国破解水资源难题寻找到了突破口。

七、水利管理与改革

新中国成立60多年来,水利行业不断加强自身建设与改革,以适应经济社会发展的需要,水利管理能力得到极大提升,逐步实现了水利管理的法制化、规范化、科学化和现代化。水利法制建设成效显著,出台了《水法》等四部法律,依法管水得到有效落实;先后制定了一批水利综合和专业规划,有效保证了水利事业的蓬勃发展;通过改革,初步形成了多元化、多层次、多渠道水利投资新格局,各级财政对水利的投入大幅度增加;水务体制改革深入推进,水管体制改革基本完成,水利建管体制改革全面推行,其他各项改革都取得显著成效。

八、水利科技与国际交流合作

60多年来,水利行业紧密结合治水实践,大力倡导科技创新,水利科技含量有了明显提高,在水文水资源、防灾减灾、工程建设与管理、农村水利、水土保持、生态保护与修复等领域的水利科技攻关取得重大突破,一大批先进实用的技术得到推广应用,有力支撑了水利事业的发展。目前,水利科技总体上已基本达到国际先进水平,一些领域已处于国际领先地位。同时,水利标准化与质量技术监督工作也深入开展,总体格局逐步完善;水利信息化建设取得长足发展,逐步进入全方位、多层次、又好又快发展的新阶段。自20世纪70年代末,水利国际交流与合作工作进入了新阶段。经过30多年的发展,中国水利正以崭新的面貌活跃在国际舞台,其地位和影响力空前提高。目前,我国水利行业已同60多个国家和地区建立了合作关系,与40多个国家和多个国际组织签订了科技、经济合作协议或谅解备忘录,水利国际交流合作的领域不断拓展。

第三章　水旱灾害及其防治

灾害自从人类诞生之日起就与人类文明相伴而行，是人类社会发展的重要障碍。而中国自古就是灾害多发的国家。在各种灾害中，以水灾害尤甚。我国地处欧亚大陆东南部，濒临太平洋，大部分是大陆气流和海洋气流交绥的地区，这两种气流汇合形成了我国主要雨带，二者的强弱、消长造成降水时空分布不均，常形成干旱、洪涝等灾害。随着我国经济建设的飞速发展，我国防御水旱灾害的能力正在逐年加强，但许多经济建设活动又加剧了水旱灾害的发生及其危害，造成的经济损失也越来越大。水旱灾害的预防和治理也引起了人们的重视。

第一节　水旱灾害概述

一、洪涝灾害的概念

（一）洪水

洪水是江（河）湖水位急剧上涨、来水峰高量大的一种自然现象，通常由暴雨、久雨不晴、风暴潮或融冰化雪等原因形成。中国大部分地区以暴雨洪水为主，在东北和西北地区，也有因融冰化雪形成洪水的。天气变化是造成暴雨进而引发洪水的直接原因。

（二）洪水灾害

出现洪水是否会成灾，不仅与流域内地形、地质条件、植被情况等下垫面特征以及河道的泄流能力、已建工程的防洪能力等诸多因素有关，而且与社会经济发展也有密切的联系。如果一个地区荒无人烟，虽然洪水经常泛滥，也不会造成灾害。相反，在人类大量繁衍和生产不断发展的地区，洪水泛滥就会造成严重灾害。

人口增长带来农业发展的需要。为了扩大耕地，就要围垦河湖滩地，与水争地，或向山丘地区发展，使得山林植被遭到破坏。城市、居民点、交通道路的形成都不断改变着下垫面的状况。这一切都使得洪水的产生和汇流条件不断发生变化，从而加重了洪水危害的程度。因此，洪水灾害是自然和社会经济因素综合作用的产物。

洪水还具有周期性和随机性。周期性的特点使得洪水发生在每年的多雨季节，随机性的特点使得洪水每次发生的时间、地点、量级难以准确预知。

洪水对环境有较大的影响，可分为有利和不利两个方面。

洪水对环境的有利影响是河道适时行洪可以延缓某些地区植被过快地侵占河槽，抑制某些水生植被过度“有害”生长，并为鱼类提供良好的产卵场所；洪水周期性地淹没河流两岸的岸边地带和洪泛区，为陆生植物群落生长提供水源和养料，为动物群落提供良好的觅食、隐蔽、繁衍、栖息场所和生活环境；洪水挟带泥沙淤积下游滩地，造就富饶的冲积平原。

洪水所造成的不利后果是对自然环境和社会环境的严重破坏。洪水淹没河滩、突破堤防、淹没农田和村庄等，毁坏社会基础设施，造成财产损失和人畜伤亡，对人群健康、文化环境造成破坏性影响，甚至干扰社会的正常运行。由于社会经济的快速发展，洪水的不利作用或危害已远远超过有利的一面，据有关文献公布的统计资料，与地震、火山爆发、干旱、暴风雨等自然灾害相比，全球洪灾造成的人员死亡人数占上述灾害死亡人数的42%，经济损失占50%，可见洪水灾害的严重程度。

二、干旱与旱灾的概念

(一)干旱

干旱是因水分的收支或供求不平衡而形成的持续的水分短缺现象。

1. 干旱类型

世界气象组织承认以下六种干旱类型：

(1)气象干旱：根据不足降水量，以特定历时降水的绝对值表示。

(2)气候干旱：根据不足降水量，不是以特定数量，而是以与平均值或正常值的比率表示。

(3)大气干旱：不仅涉及降水量，而且涉及温度、湿度、风速、气压等气候因素。

(4)农业干旱：主要涉及土壤含水量和植物生态，或许是某种特定作物的性态。

(5)水文干旱：主要考虑河道流量的减少、湖泊或水库库容的减少和地下水位的下降。

(6)用水管理干旱：由于用水管理的实际操作或设施的破坏引起的缺水。

我国比较通用的定义如下：

(1)气象干旱：不正常的干燥天气时期，持续缺水足以影响区域，引起严重水文不平衡。

(2)农业干旱：降水量不足的气候变化，对作物产量或牧场产量足以产生不利影响。

(3)水文干旱：在河流、水库、地下水含水层、湖泊和土壤中低于平均含水量的时期。

2. 干旱等级

国家标准《气象干旱等级》中将干旱划分为五个等级，并评定了不同等级的干旱对农业和生态环境的影响程度。

(1)正常或湿涝：特点为降水正常或较常年偏多，地表湿润，无旱象。

(2)轻旱：特点为降水较常年偏少，地表空气干燥，土壤出现水分轻度不足，对农作物有轻微影响。

(3)中旱：特点为降水持续较常年偏少，土壤表面干燥，土壤出现水分不足，地表植物叶片白天有萎蔫现象，对农作物和生态环境造成一定影响。

(4)重旱：特点为土壤出现水分持续严重不足，土壤出现较厚的干土层，植物萎蔫，叶片干枯，果实脱落，对农作物和生态环境造成较严重影响，对工业生产、人畜饮水产生一定影响。

(5)特旱:特点为土壤出现水分长时间严重不足,地表植物干枯、死亡,对农作物和生态环境造成严重影响。

3. 干旱预警信号

干旱预警信号分二级,分别以橙色、红色表示。干旱橙色预警信号含义为干旱指数等级为三级,中度干旱,且干旱将持续。部分稻田不能保持水层,旱地作物出现枯萎,水库蓄水明显减少,少数水源紧缺地区出现用水紧张。干旱红色预警信号含义为干旱指数等级为四级以上(含四级),重度干旱,且干旱将持续。部分溪流、鱼塘干涸,中小水库水位接近死库容,大量稻田干裂,旱地作物枯死失收,城镇出现用水紧张。

(二)旱灾

旱灾指因气候严酷或不正常的干旱而形成的气象灾害。旱灾一般指因土壤水分不足,水分的收支或供求不平衡而形成的水分短缺现象。农作物水分平衡遭到破坏而减产或歉收,从而带来粮食问题,甚至引发饥荒。同时,旱灾亦可令人类及动物因缺乏足够的饮用水而致死。此外,旱灾后则容易发生蝗灾,进而引发更严重的饥荒,导致社会动荡。

旱灾是普遍性的自然灾害,不仅农业受灾,严重的还影响到工业生产、城市供水和生态环境。中国通常将农作物生长期内因缺水而影响正常生长称为受旱,受旱减产三成以上称为成灾。经常发生旱灾的地区称为易旱地区。

旱灾的形成主要取决于气候。通常将年降水量少于 250 mm 的地区称为干旱地区,将年降水量为 250 ~ 500 mm 的地区称为半干旱地区。

世界上干旱地区面积约占全球陆地面积的 25%,大部分集中在非洲撒哈拉沙漠边缘、中东和西亚、北美洲西部、澳大利亚的大部和中国的西北部。这些地区常年降水量稀少且蒸发量大,农业主要依靠山区融雪或者上游地区来水,如果融雪量或来水量减少,就会造成干旱。

世界上半干旱地区面积约占全球陆地面积的 30%,包括非洲北部一些地区、欧洲南部、西南亚、北美洲中部以及中国北方等地区。这些地区降水较少,而且分布不均,因而极易造成季节性干旱或者常年干旱,甚至连续干旱。

中国大部分地区属于亚洲季风气候区,降水量受海陆分布、地形等因素影响,在区域间、季节间和多年间分布很不均衡,因此旱灾发生的时期和程度有明显的地区分布特点。秦岭淮河以北地区春旱突出,有"十年九春旱"之说。黄淮海地区经常出现春夏连旱,甚至春夏秋连旱,是全国受旱面积最大的区域。长江中下游地区主要是伏旱和伏秋连旱,有的年份虽在梅雨季节,但会因梅雨期缩短或少雨而形成干旱。西北大部分地区、东北地区西部常年受旱。西南地区春夏旱对农业生产影响较大,四川东部则经常出现伏秋旱,华南地区旱灾也时有发生。

需要注意的是,并不是所有的干旱都会引起旱灾。一般地,只有在正常气候条件下水资源相对充足,较短时间内由于降水减少等原因造成水资源短缺,造成对生产生活的较大影响,才可以称为旱灾。例如华北地区属于半湿润区,其春季夏季的干旱对其农业生产造成巨大影响,可以称作旱灾。而我国西北温带大陆性气候区,其气候特征是常年降水少,气候干旱,人们已经习惯了其干旱的气候,所以此地一般的干旱不能称作旱灾。

第二节 中国的水旱灾害

一、概况

2011年,我国降水总体偏少、时空分布不均,汛情、旱情阶段性和地域性明显。全年共有260余条河流发生了超过警戒水位以上的洪水,其中50余条河流发生了超过保证水位的洪水,长江中游支流陆水、鄱阳湖水系乐安河和湘江支流涓水等11条河流发生了超过历史纪录的洪水。有7个台风(含热带风暴,下同)先后在我国沿海登陆。钱塘江干流发生了自1955年以来的最大洪水,嘉陵江支流渠江发生了1939年有实测资料以来最大洪水,汉江上游干流发生了近20年一遇的洪水,渭河发生了1981年以来最大洪水。贵州、湖南、湖北、四川、陕西等省局部地区发生了严重的山洪灾害。全国有136座县级以上城市进水受淹或发生暴雨内涝。黄河凌汛基本平稳,未发生大的险情。冬麦主产区8省发生了冬春连旱;长江中下游发生了春夏连旱,洞庭湖、鄱阳湖水量大幅减少,长江干流部分河段出现多年同期最低水位;西南地区伏秋旱严重,人畜因旱饮水困难突出;内蒙古中西部发生了春夏秋连旱,牧业生产和人畜饮水受到较大影响。

2011年,我国水旱灾害损失总体偏轻,但局部地区灾害严重。全国有31个省(区、市)的1 846个县(市、区)发生了洪涝灾害,农作物受灾面积719.150万 hm^2,其中成灾339.302万 hm^2、绝收86.060万 hm^2,受灾人口8 941.70万人,因灾死亡519人、失踪121人,倒塌房屋69.30万间,直接经济总损失1 301.27亿元,其中水利设施直接经济损失209.52亿元。全国有29个省(区、市)发生了干旱灾害,农作物受灾面积1 630.420万 hm^2,其中成灾659.860万 hm^2、绝收150.540万 hm^2,粮食损失232.07亿kg,有2 895.45万人、1 616.92万头大牲畜因旱饮水困难,直接经济总损失1 028.00亿元。

在党中央、国务院的高度重视和坚强领导下,国家防汛抗旱总指挥部(以下简称国家防总)超前部署、及时响应、精细调度,各流域防汛抗旱总指挥部、地方各级防汛抗旱指挥部、各有关部门团结协作,社会各界密切配合、广泛参与,全力以赴防灾抗灾减灾,确保了重要堤防无一决口,大中型水库无一垮坝,保障了旱区群众饮水安全、粮食生产和生态安全,因灾死亡人数为新中国成立以来最低,最大程度地降低了水旱灾害造成的损失和影响。

二、中国洪灾发生的主要类型

中国洪水灾害的主要自然致灾因素是暴雨洪水、风暴潮、融冰融雪和冰凌洪水。由于自然地理条件、地形地貌特点的不同,以及人类经济社会活动规模与特点的不同,洪灾形成的条件、机制,对经济社会发展的影响,以及对生态环境的影响与冲击也不尽相同。中国洪水灾害主要有以下六种类型。

(一)平原洪涝型

平原洪灾主要是指由江河洪水泛滥和当地涝水所造成的灾害。洪水泛滥以后,水流扩散,波及范围广;受平原微地形影响,行洪速度缓慢,淹没时间长。涝灾是因当地暴雨积水不能及时排除而形成的一种水灾，主要分布在平原低洼地区和水网地区。中国平原地区的洪涝灾害往往相互交织，外洪顶托、涝水难排，从而加重了内涝灾害；而涝水的外排又加重了相邻地区的外洪压力，洪水与涝水不分是其主要特点。平原洪涝型水灾波及范围广，持续时间长，造成的损失巨大，发生频繁，是中国最严重的一种水灾。

中国受洪水威胁的平原总面积为 106 万 km^2，占国土总面积的 11.2%，主要分布在受到洪涝灾害威胁的七大江河（含太湖）的中下游地区。这些地区经济发达、人口稠密、资产密集，集中了全国 1/3 的耕地、66% 的人口、80% 的国内生产总值与 61% 的城市。上述地区汛期江河洪水位普遍高于地面高程，主要依靠堤防束水，由于泥沙淤积、围垦河滩湖滩等，有些河段行洪能力下降，出现同流量下水位逐渐抬高的现象，增大了洪水的风险。

（二）沿海风暴潮型

风暴潮灾害是海洋灾害、气象灾害及暴雨洪水灾害的综合性灾害，突发性强，风力大，波浪高，增水强烈，高潮位持续时间长，引发的暴雨强度大，往往与洪水遭遇。一旦发生风暴潮，常常形成严重的水灾。据统计，20 世纪 80 年代末 90 年代初，中国由于沿海风暴潮导致的水灾损失约占同期全国水灾总损失的 19%，仅次于暴雨洪水形成的洪涝灾害。

（三）山地丘陵型

根据洪水形成原因，山地丘陵洪水又可分为暴雨山洪、融雪山洪、冰川消融山洪或几种原因共同形成的山洪，其中以暴雨山洪最为普遍和严重。其特点是历时短、涨落快、涨幅大、流速快且挟带大量泥沙，冲击力强，破坏力大。

山洪泥石流是由山洪诱发而突然暴发的挟带大量泥沙和石块的特殊山洪，多发生在有大量松散土石堆积的陡峻山坡。这种灾害多分布在中国川、滇、渝、陕等省（市）。据统计，山洪泥石流等灾害虽然波及范围较小，总经济损失一般不大，但往往造成较多的人员伤亡，而且有些年份相当严重。

山地丘陵区中平川和盆地的洪水灾害主要分布在四川盆地中部的一些平川和谷地、云贵高原的一些平川和谷地及中国中部与东部山地丘陵间的中小盆地。这类水灾虽然范围不大，但由于这些平川和谷地多是山区城镇所在地，人口集中，工农业产值在所属省（区）占有举足轻重的地位，因此此类水灾对区域经济社会发展造成重大影响。

（四）冰凌灾害

冰凌洪水的特征是流量不大但水位较高。在中国主要发生在黄河下游、河套地区及松花江依兰河段。由于天寒地冻，历来有“伏汛好防，凌汛难抢”之说。

（五）地震水灾

地震水灾指因地震诱发滑坡堵塞河流或震垮堤坝而引起的洪水灾害。1933 年 8 月 25 日，四川叠溪发生 7.5 级地震，崩塌物堵塞岷江，形成 4 个地震堰塞湖。大震后 45 d 堵体溃决，造成下游水灾，水头高达 60 多 m，受淹人口在 2 万人以上，冲毁农田 5 万余亩。此外，还有融雪洪、山洪、溃坝洪等小范围洪灾。

（六）城市洪涝灾害

随着中国城市化发展进程的加快，城市洪涝问题越来越突出。城市洪涝灾害主要有三种类型：一是城市进水受淹；二是内涝排泄不及时，导致城市积水；三是部分城市受山洪泥石流冲击。

三、中国洪涝灾害的特点

受气候地理条件和社会经济因素的影响，我国的洪涝灾害具有范围广、发生频繁、突发性强、损失大的特点。从洪涝灾害的发生机制来看，洪水灾害具有明显的季节性、区域性和可重复性。世界上多数国家的洪水灾害易发生在下半年，我国的洪水灾害主要发生在4~9月。如我国长江中下游地区的洪水几乎全部发生在夏季。洪水灾害与降水时空分布及地形有关。世界上洪水灾害较重的地区多在大河两岸及沿海地区。对于我国来说，洪涝一般是东部多、西部少，沿海地区多、内陆地区少，平原地区多、高原和山地少。洪水灾害同气候变化一样，有其自身的变化规律，这种变化由各种长短周期组成，使洪水灾害循环往复发生。全国约有35%的耕地、40%的人口和70%的工农业生产经常受到江河洪水的威胁，并且因洪水灾害所造成的财产损失居各种灾害之首。

(一)范围广

除沙漠、极端干旱地区和高寒地区外，我国大约2/3的国土面积都存在着不同程度和不同类型的洪涝灾害。年降水量较多且60%~80%集中在汛期6~9月的东部地区，常常发生暴雨洪水；占国土面积70%的山地、丘陵和高原地区常因暴雨发生山洪、泥石流；沿海省(自治区、直辖市)每年都有部分地区遭受风暴潮引起的洪水的袭击；我国北方的黄河、松花江等河流有时还会因冰凌引起洪水；新疆、青海、西藏等地时有融雪洪水发生；水库垮坝和人为扒堤决口造成的洪水也时有发生。

(二)发生频繁

据《明史》和《清史稿》资料统计，明清两代(1368~1911年)的543年中，范围涉及数州县到30州县的水灾共有424次，平均每4年发生3次，其中范围超过30州县的共有190年次，平均每3年1次。新中国成立以来，洪涝灾害年年都有发生，只是大小有所不同而已。特别是20世纪50年代，10年中就发生大洪水11次。

(三)突发性强

我国东部地区常常发生强度大、范围广的暴雨，而江河防洪能力又较低，因此洪涝灾害的突发性强。1963年，海河流域南系7月底还大面积干旱，8月2日至8日，突发一场特大暴雨，使这一地区发生了罕见的洪涝灾害。山区泥石流突发性更强，一旦发生，人民群众往往来不及撤退，造成重大伤亡和经济损失。如1991年四川华蓥山一次泥石流死亡200多人，1991年云南昭通一次也死亡200多人。风暴潮也是如此，如1992年8月31日至9月2日，受天文高潮及16号台风影响，从福建的沙城到浙江的瑞安、敖江，沿海潮位都超过了新中国成立以来的最高潮位。上海潮位达5.04 m，天津潮位达6.14 m，许多海堤漫顶，被冲毁。

(四)灾害损失大

如1931年江淮大水，洪灾就涉及河南、山东、江苏、湖北、湖南、江西、安徽、浙江等8省，淹没农田1.46亿亩，受灾人口达5 127万人，占当时8省总人口的25%，死亡40万人。1991年，我国淮河、太湖、松花江等部分江河发生了较大的洪水，尽管在党中央和国务院的领导下，各族人民进行了卓有成效的抗洪斗争，尽可能地减轻了灾害损失，全国洪涝受灾面积仍达3.68亿亩，直接经济损失高达779亿元。其中安徽省的直接经济损失达

249 亿元，约占全年工农业总产值的 23%，受灾人口 4 400 万人，占全省总人口的 76%。

四、我国洪涝灾害多发的原因

（一）暴雨量集中

洪涝灾害的发生，绝大部分是由于雨量集中在较短的时间内造成的。相等的雨量，若 100 mm 雨量在 3 d 内降落与在 1 d 内降落，其灾情就完全不同。如果雨分散降落，雨水就能渗入地下，被泥土吸收，形不成灾害。而暴雨在短时间内降落，雨水来不及渗入地下，滞留在地面或在地面上流淌形成径流，最后发展成涝灾。如 1975 年 8 月 4 ~ 8 日的几天时间里，河南省板桥水库附近的林庄、下阵等地的降雨量分别达到 1 631.1 mm 和 1 516.4 mm，其中 7 d 雨量最为集中，林庄 6 h 雨量达到 830 mm。而河南郑州年平均降水量也只有 641 mm。可想而知，超过两年的雨量在几天内降落，甚至超过一年的雨量在短短的几小时内降落，其洪涝灾害会有多么严重。因此，雨量多、时间短的降水是造成洪涝灾害的一个重要原因。

（二）防御能力弱

我国政府和劳动人民在与洪涝灾害的斗争中，一直在寻求根治水灾的良策，不断加强水利基本建设，并且已经取得了辉煌的成就。但是，由于自然条件和经济等各种原因，防御洪涝灾害的能力还不强。我国大江大河中下游地区的主要城市和乡镇，多数处于洪水位以下，受洪水威胁的地区有 5 亿人口、5 亿亩耕地，这些地区的工农业总产值占全国的 60%；另据有关报道，2000 年底，全国共有 668 座城市，而达到国家防洪标准的只有 236 座城市，这说明，还有一半以上的城市没有达到防洪标准，这是洪涝灾害的一大隐患。

（三）人为影响

人类自身的各项经济和建设活动也加重了洪涝灾害程度。

1. 毁林开荒的影响

以前，为加快建设而大量砍伐树木，造成严重水土流失。据推算，10 万亩森林所能蓄存的水量相当于一座库容为 200 万 m^3 的水库。森林被盲目砍伐，一方面在暴雨之后不能蓄水于山，雨水顺坡而下，汇集溪谷，形成洪峰，增加水灾的频率。同时，也加重了水土流失，水库淤积，库容减少；还使下游河道淤积抬升，降低调洪和排洪的能力。如在长江流域，由于森林大量砍伐，使水土流失面积扩展，20 世纪 50 年代全流域水土流失面积为 36 万 km^2，80 年代增加到 56 万 km^2，年土壤侵蚀总量已经达到 22.4 亿 t，超过了黄河流域的土壤侵蚀总量。这是长江下游河道河床抬高的主要原因之一。从洞庭湖区石龟山站和城陵矶站水文资料可见，由于河道淤积和垸田的发展，在相同的洪峰流量下，20 世纪 80 年代水位比 60 年代水位高出 2 ~ 3 m。

2. 城市化的影响

近代以来城市发展迅速，1990 年我国城市有 467 座，到 2000 年底，已增加到 668 座，10 年增加 201 座，增长率达 43%。同时，许多原有城市的面积也在不断扩大。城市化的加快至少在四个方面对洪涝产生严重影响：第一，城市增加和城市建筑面积扩大之后，地表被房屋、混凝土和沥青、水泥路面所覆盖，不透水地面增加，降雨后，雨水不能渗入地下，地表径流汇流速度加快，径流系数增大，峰现时间提前，洪峰流量成倍增长；第二，城市的

“热岛效应”还会使城区的暴雨频率增加、强度增强，又加重了洪涝成灾因素；第三，新建城区一般多向原来的临时滞纳洪水的低洼地区发展，必要的排涝设施建设不及时，有些城郊的行洪河道演变成市内排污沟，加上清淤不力，也加重了洪涝的成灾因素；第四，城市人口密集，经济发达，洪涝灾害的损失因而十分显著。

3. 湖泊和湖泊面积减少的影响

据有关报道，我国平均每年消亡20个天然湖泊，大量围垦和拦截地表水流，也使湖泊水面急剧缩减，湖区洪水出现频率升高。统计表明，在我国东中部地区，近50年来，因围湖造田减少天然湖泊近千个，仅湖南、湖北、江西、安徽、江苏5省围垦湖泊的面积就在12 000 km^2以上，比现在的4个洞庭湖还要大。20世纪50年代，湖北省共有1 052个湖泊，素有“千湖之省”的美誉，而目前只剩下83个，昔日“八百里洞庭”，现在水面已缩小四成。从防洪角度来看，湖泊对削减江河洪峰起着重要作用。湖泊被围垦后损失了洪水的调蓄容积，增加洪涝的频率和严重程度。如1954年和1998年，长江流域都发生了洪涝灾害，这两年降水的地理分布十分相似，但降水量1998年少于1954年，而1998年长江中下游的水位却比1954年高，达到历史最高值，并长期居高不下。当然，这既有湖泊减少、面积缩小的因素，也有砍伐森林、植被破坏、大量泥沙涌入江湖抬高河床的原因。

五、我国干旱的特点

干旱是我国常见的一种自然灾害，它和其他各种自然灾害一样也有其自身的特点。要战胜干旱，首先必须认识干旱，只有认识干旱，才能使我们在防旱抗旱中处于主动，减少不必要的损失，因此研究和总结干旱的特点具有重要的现实意义。

（一）干旱的严重性

水旱灾害是农业主要的自然灾害，但是对农业来说，旱灾要比水灾更为严重，旱灾是我国农业最主要的自然灾害。旱灾的严重性主要表现在以下三个方面：

（1）我国干旱受灾面积远大于洪涝受灾面积。根据1950～1990年的资料统计，我国年平均干旱受灾面积为2 085.1万hm^2，洪涝受灾面积842.5万hm^2。干旱受灾面积占干旱和洪涝受灾总面积的71.2%。1991年江淮地区发生了特大洪涝灾害，但这一年全国旱灾面积仍高于水灾面积。

（2）干旱发生的次数多于洪涝发生的次数。在1951～1990年的40年中，全国共发生干旱300次，洪涝236次，干旱次数占干旱和洪涝总次数的56%。

（3）干旱灾害是影响农业产量最主要的自然灾害。1978～1989年间全国农业体制均基本稳定，因而粮食单产的上升趋势主要由于农业科技进步，而其上下波动则主要由于自然灾害的影响。对1978～1989年12年全国旱灾面积、水灾面积和粮食单产进行序列分析发现，粮食单产与旱灾面积显著相关，其相关系数达－0.77，而与水灾面积无相关关系。观察1949年至20世纪60年代初的统计资料，也能得出相似结论。如1954年我国遭遇特大洪涝灾害，但粮食单产仍与上年持平；1959～1961年遭遇特大旱灾，粮食产量则显著下降。

我国南方部分地区，如长江中下游平原地区，即使遇到比较大的干旱，粮食单产也不一定下降。究其原因主要是这些地区有比较好的水源条件，借助水利工程可以抵御干旱灾害。如在 1978 年的特大干旱中，江苏江都抽水站共抽取长江水 215 亿 m^3，相当于洪泽湖正常蓄水量的近 10 倍。农业虽然保住了丰收，但付出的代价是高昂的。

（二）干旱的地区性

按干旱发生的原因，干旱可分为土壤干旱、大气干旱和生理干旱三种，其中土壤干旱是最主要的，而土壤干旱主要是由于降水不足引起的。我国地域辽阔，各地降水量相差悬殊，因此干旱程度也差异很大。

我国南方年均降水量达 850 ~ 1 800 mm，少数地区达 2 000 mm 以上，北方除长白山地区年均降水量达 1 000 mm 左右外，其他地区年均降水量一般都在 850 mm 以下，我国北部和西部的内蒙古、宁夏、青海、新疆、甘肃、西藏的大部分地区年均降水量不足 400 mm。因此，南方干旱程度较轻，北方干旱程度较重。我国最大的干旱区为黄淮海地区，其干旱发生的次数最多，干旱面积也居全国之首。这一地区的耕地面积占全国总耕地面积的 36%，而拥有的地面径流量仅占全国地面径流总量的 4. 9%，全国每公顷耕地拥有地面径流量为 27 000 m^3，而黄、淮、海三个流域每公顷耕地拥有地面径流量分别只占全国平均值的 16%、14% 和 10%。据统计，1950 ~ 1983 年的 34 年中，黄淮海地区旱灾受灾面积和成灾面积分别占全国旱灾受灾和成灾面积总和的 46. 4% 和 48. 1%。

干旱严重程度也与地形地貌有关。南方山丘地区虽然年降水量较多，但因地面坡度较大或植被较少，土壤滞水保水能力较差，因而干旱的威胁也比较严重。

（三）干旱的季节性与随机性

我国的气候为明显的季风气候，降水量季节差异较大，总的来说，夏多冬少，但由于夏季风自南向北推进有一个过程，因此各地雨季到来时间有所差异。一般而言，雨带 5 月中旬到达华南地区，华南进入雨季；6 月中旬转移到长江流域，形成长江流域的梅雨期；7 月中旬梅雨结束，雨带到达淮河以北地区，华北进入雨季；9 月上旬雨带开始退至华南，并逐渐离开我国向东南方向移去。10 月初冬季风开始南下，气候变得干燥少雨，次年 3 月初冬季风开始减弱，4 月初自南向北逐渐撤退。由于上述季风气候的影响，以及形成气候的其他因素的影响，我国各地区干旱的发生具有一定的季节性。

虽然雨季具有一定的季节性，但对于具体的某一年来说，雨季的到达时间和雨量的多少、非雨季降雨量的多少和时间上的分配，以及年降水总量的大小等都具有一定的随机性，因此干旱的发生也具有一定的随机性。由于这一原因，我国南方湿润地区也往往会遇到比较严重的干旱，如长江中下游地区，1959 年为"空梅"，1978 年梅雨提前结束，1994 年也几乎为"空梅"，结果都形成了特大旱灾。再就受水、旱灾害的面积来看，有些年份南方地区旱灾面积甚至远大于水灾面积。以 1991 年为例，广东省旱灾面积 136. 6 万 hm^2、水灾面积 21. 5 万 hm^2，福建省旱灾面积 50. 2 万 hm^2、水灾面积 13. 7 万 hm^2，江西省旱灾面积 107. 9 万 hm^2、水灾面积 28. 1 万 hm^2，其他如海南、广西和湖南等省（区）旱灾面积也均远大于水灾面积。

因此，干旱既具有季节性又具有随机性，但总的来说，华南多秋冬旱或冬春旱，个别年份有秋冬春连旱，夏旱很少；两广北部至长江中下游地区多为伏旱，春旱极少；淮河以北地区以春旱或春夏连旱居多，夏旱次之，个别年有春夏秋连旱；西南地区多冬春旱，川西北地区多春夏旱，川东地区多伏秋旱，西北地区一般常年干旱。

（四）干旱的连发性和连片性

与水灾相比，干旱具有更明显的连发性和连片性。干旱的连发性是指干旱往往会连年发生，干旱连年发生的概率要比洪涝连年发生的概率大得多，连旱年数一般也多于连涝年数。再就南北方相比较，北方地区干旱连发性比南方地区更为显著。

干旱的连片性指干旱的波及面往往很大。干旱和洪涝的成因决定了其分布总是“旱一片，涝一线”。水灾可能波及数省，而旱灾有可能波及全国大部分地区。

连年连片干旱会造成特别严重的灾害，1876 ~ 1878 年连续三年干旱，遍及河南、山西、陕西、甘肃、山东、安徽等 18 个省。这次旱灾是我国近代各次自然灾害中最严重的一次，在旱灾中心地区 80% 的人被饿死，死亡人数达 1 300 万人。1959 ~ 1961 年也为全国大范围的三年连旱，长江、淮河、黄河和汉水流域等广大地区遭受严重干旱，这次旱灾是新中国成立以后最严重的一次自然灾害，三年共减产粮食 611.5 亿 kg，相当于 1950 年的全国粮食总产量，或相当于 1958 年粮食总产量的 61%。这三年连旱，再加上其他一些因素的影响，对国民经济造成了十分严重的危害，全国粮食产量直到 1966 年才恢复到 1958 年的水平。

（五）干旱的周期性

对历史干旱资料进行序列分析可以发现，干旱的发生具有一定的周期性。从干旱的成因来看，由于干旱的某些影响因素，如太阳黑子的变化、日月食的出现和厄尔尼诺现象等都具有一定的周期性，因此干旱的发生也具有一定的周期性。又因为干旱的发生受到多种因素的影响，因而干旱发生的周期不是单一周期，而是复杂的混合周期。初步的研究结果表明，干旱发生的周期有 2 ~ 3 年、5 年、11 年、22 年、26 年、35 年和 180 ~ 200 年等，另外不同地区干旱的周期性也有所不同。

六、干旱发生的原因

引起旱灾的原因从自然因素来说，主要与偶然性或周期性的降水减少有关。

从人的因素来考虑，人为活动导致干旱发生的原因主要有以下四个方面：

一是人口大量增加，导致有限的水资源越来越短缺。

二是森林植被被人类破坏，植物的蓄水作用丧失，加上抽取地下水，导致地下水和土壤水减少。

三是人类活动造成大量水体污染，使可用水资源减少。

四是用水浪费严重，在我国尤其是农业灌溉用水浪费惊人，导致水资源短缺。

第三节　防洪与抗旱

一、防洪

防洪是指防御洪水灾害的对策、措施和方法。防洪是人民生命财产安全和国民经济顺利发展的保障,是水利的重要组成部分。

(一)防洪工程措施

1. 水土保持

水土保持是防治水土流失,保护、改良与合理利用山区、丘陵区和风沙区水土资源,维护和提高土地生产力,以利于充分发挥水土资源的经济效益和社会效益,建立良好生态环境的综合性科学技术。目前,水土保持由水土保持农业技术措施、林草措施和工程措施三大类措施组成。

2. 河道堤防工程

堤防工程是在河流的两岸修筑堤防,以扩大河道过水能力,减轻洪水威胁,保护河流两岸人民生命财产及工农业生产的安全。

3. 水库工程

水库工程是在干、支流的中、上游地区兴建水库拦蓄洪水的一种工程措施。这类措施不但能控制下游地区洪水的发生,而且与水能利用、农田水利、航运等水利工程相结合,综合开发水利资源。

4. 分洪工程

分洪工程是在河流上适当地点修建分洪闸、分洪道等建筑物,将一部分洪水分往蓄滞洪区,以减轻主河道的负担。这种措施目前在我国的大江、大河广泛使用。

5. 河道整治工程

河道整治工程是以综合治理为目标,增加河道泄洪能力的一种工程措施。从防洪的角度,河道整治工程包括稳定中水河槽、裁弯取直、改善卡口、清除河道中各种障碍物等。

以上这些措施彼此之间是相辅相成的,对于一条河流或流域,要根据具体情况采用。

(二)防洪非工程措施

防洪非工程措施的基本内容一般可概括为:

(1)洪泛区管理。按洪水危险程度和排洪要求,将不宜开发区和允许开发区严格划分开;允许开发区也根据可能淹没的概率规定一定用途,并通过政府颁布法令或条例进行管理,防止侵占行洪区,达到经济合理地利用洪泛区。

(2)对洪水易淹区内的建筑物及其内部财物设备的放置等方面都给予规定。例如规定建筑物基础的高程、结构,规定财物存放在安全地点,或在洪水到来前移至安全地点等。

(3)洪水保险。通常指强制性的洪水保险,即对淹没概率不同的地区,对开发利用者强制收取不同保险费率,从经济上约束洪泛区的开发利用。

(4)制订居民应急撤离计划和对策。在洪水易淹区设立各类洪水标志,并事先建立救护组织和准备抢救器材,根据发布的洪水警报进行撤离。

(5)超标准洪水紧急措施的部分措施。

(6)建立洪水预报警报系统。把实测或利用雷达遥感收集到的水文、气象、降雨、洪水等数据,通过通信系统传递到预报部门进行分析,有的直接输入电子计算机进行处理,作出洪水预报,提供具有一定预见期的洪水信息,必要时发出警报,以便提前为抗洪抢险和居民撤离提供信息,以减少洪灾损失。它的效果取决于社会的配合程度,一般洪水预见期越长,精度越高,效果就越显著。中国 1954 年长江洪水预报和 1958 年黄河洪水预报,以及美国1969年密西西比河洪水预报，均取得良好效果。

(7)救灾。从社会筹措资金、国家拨款或利用国际援助等进行救济，给受灾者以适当补偿，以安定社会秩序，恢复居民生产生活。救灾虽不能减少洪灾损失，但可减少间接损失，增加社会效益。

从世界各国的实践来看，用防洪工程措施控制洪水是有限度的。因此，防洪非工程措施作为减少洪灾的综合措施之一，越来越被重视。

二、抗旱

(一)抗旱工程措施

1. 水源工程

水利工程设施是防旱减灾的重要工程保障，水源工程是抗旱的主要工程措施之一。目前，全国各地仍有部分无水利设施灌溉的耕地，部分耕地虽有水利设施但抗旱能力较低。各地在进行防旱减灾工程建设的时候，要重点突出水源工程建设，确保供水安全。一方面，要积极加大病险水库的治理和山塘的清淤工作力度，充分挖掘现有工程的蓄水能力，增加工程蓄水容量。加强对大中型灌区的配套挖潜建设，发挥工程的设计灌溉效益。另一方面要积极引导群众搞好小型水源工程，拦、蓄、引、提并举，广泛组织发动群众切实加强小型或微型集雨蓄水工程(如水窖、水池)建设，推进雨水集流等微型蓄水工程，千方百计地增加水资源的总量。

2. 水资源调配工程

我国降雨径流空间分布不均，不同地区之间供需平衡情况有很大差异，同时，在不同流域或地区之间还存在干旱及其灾害非同期遭遇的可能性。因此，应因地制宜地兴建跨流域调水工程，进行水量补偿，以调节降雨径流的空间分布不均。20世纪60年代以来，全国已修建了引江济淮、引滦济津和引黄济青等多项工程，这些近距离跨流域调水对调剂地区间水资源余缺起到了很好的作用。为了解决黄淮海流域的干旱缺水问题，从长江引水补给这一区域用水的跨流域远距离调水的南水北调工程正在建设。南水北调东线主要解决京津地区、山东省和河北省东部地区的缺水问题；中线主要解决河南省、河北省中部地区和北京市的用水问题；西线主要解决黄河上、中游及其邻近地区的用水问题。南水北调工程以及诸如东北地区的引松济辽的北水南调工程，在解决21世纪我国北方城市缺水，改善农业用水，缓解城乡用水矛盾，提高防旱减灾能力等方面将起到重要作用。

3. 灌溉工程

灌溉工程是防旱减灾最重要的基础设施。许多著名的老灌区，如四川的都江堰，陕西的泾惠渠、渭惠渠，山西的潇河灌区，河北的石津渠等，通过增建引水枢纽和改建渠系等措施，相应提高了老灌区的灌溉保证率，改善了引水条件，扩大了灌溉面积，成功地发挥了老灌区的防旱减灾作用。经过60多年的建设，各地从自身所具有的自然条件出发，建成了诸如南方丘陵区引、蓄、提等大、中、小工程联合为一体的“长藤结瓜”式的灌溉系统，南方江河下游平原和水网湖区的圩垸灌溉系统，北方井渠结合的灌溉系统，黄土高原结合农林措施的水利灌溉系统，黄河下游引黄沉沙引水灌溉系统，西北内陆河荒漠绿洲灌溉系统和海涂开垦利用灌溉系统等。这些具有地区特色的灌溉系统，在各地防旱减灾中发挥了重要的作用。

4. 节水工程

节水是我国一项基本国策,也是一项抗旱工程措施。节水已引起社会各界高度关注,形成广泛共识。1998 年以来,全国节水投入 138 亿元,形成了 110 亿 m^3 的节水能力,节水工作呈现前所未有的好局面。

(二)抗旱非工程措施

1. 旱情监测预报

建立面向全国的抗旱信息系统,形成由中央、省、市、县组成的信息管理网络,集旱情监测、传输、分析和决策支持于一体,涵盖水情、雨情、工情、农情等各种相关因素,可以及时掌握、分析、预测全国和区域旱情的发生、发展过程以及对农业生产、城市供水的影响,通过及时实施有效的抗旱措施,最大限度地减轻旱灾的损失。

抗旱信息系统的重要性在于对旱情作出监测预报,不但能为各级决策部门提供及时准确的旱情和抗旱信息,准确评价干旱对经济社会的影响,而且还可以提出合理的对策建议,更加科学地指挥部署抗旱减灾工作,大大提高我国抗旱减灾管理水平。

2. 抗旱预案

抗旱预案旨在研究一个地区出现潜在的及历史的干旱灾害时,政府部门和公众在资源配置与减轻灾害不利后果方面应采取的行动。这种对干旱灾害预先进行的"风险管理"和提前准备的有针对性的应急计划,与干旱灾害发生时的"危机管理"和临时反应相比,是一项更周密有效的防旱减灾措施。

3. 抗旱调度和管理

搞好水资源调度和合理分配,必须加强以下工作:一是科学利用水资源规划;二是加强国民经济的用水供需预测;三是加强工程建设;四是加强水资源统一管理;五是要有健全的水利法制体系;六是要有水利产业效益和社会效益;七是建立健全适应社会主义市场经济的水费价格;八是加强有力的管理机构;九是加强科学技术对水资源管理和优化调度的应用;十是加强水环境保护。

实行水务一体化管理是做好城市抗旱工作的体制保证。已实行水务一体化管理的城市,要统筹考虑生活、生产和生态用水需求,进一步完善流域、区域水量调度方案,落实管理、监督措施,细化配用水计划,充分发挥有限水源的抗旱作用,优先保障城市居民生活用水安全。没有实行水务一体化管理的城市,要结合贯彻《水法》,积极开展水资源统一管理工作,尤其是发生干旱缺水的城市要把握住时机,突出展现水务一体化管理在城市抗旱工作中的关键作用,促进实现水务一体化管理。

第四节 《防洪法》概述

一、《防洪法》立法过程

《防洪法》于1997 年8 月29 日第八届全国人民代表大会常务委员会第二十七次会议通过,1998 年1 月1 日起施行。《全国人民代表大会常务委员会关于修改部分法律的决定》于2009年8月27日通过,对《防洪法》进行了修改。

《防洪法》是我国第一部规范防治自然灾害的法律,填补了我国社会主义市场经济法律体系框架中的一个空白,也是继《水法》、《水土保持法》等法律之后的又一部重要的水事法律。《防洪法》的颁布实施,标志着我国防洪事业进入了一个新的阶段,防洪工作将进一步纳入法律化管理的轨道。

《防洪法》包括总则、防洪规划、治理与防护、防洪区和防洪工程设施的管理、防汛抗洪、保障措施、法律责任、附则,共8章66条。

二、《防洪法》的基本内容

(一)立法总则

《防洪法》是我国防治洪水工作的基本法律,是调整防治洪水活动中各种社会关系的强制性规范。第一章总则共8条,规定了我国防治洪水工作中的根本性问题。具体内容包括:立法目的;防洪工作应当遵循的基本原则和基本制度;政府应当将防洪工程设施建设纳入国民经济和社会发展规划;政府防治洪水工作的基本职责;政府部门在防洪工作中的职责分工及任何单位和个人都有参加防治洪水活动的法律义务。

1. 立法目的

《防洪法》的立法目的是:防治洪水,防御、减轻洪涝灾害,维护人民的生命和财产安全,保障社会主义现代化建设顺利进行(第一条)。

我国水土流失严重,河流湖泊大量淤积、围垦,防洪能力进一步下降,同样的洪水,水位越来越高,流速越来越慢,洪水持续时间越来越长,防洪的形势更加严峻。在防洪工作中,存在着没有切实的手段保证防洪规划的落实,对河道防护及防洪工程设施保护缺乏强有力的措施,对蓄滞洪区的安全与建设缺乏有效的管理,以及防洪投入不够,防洪标准偏低,实际防洪能力差等若干问题。制定《防洪法》就是要针对上述问题进行规范,通过法律手段,理顺防洪活动中的各种社会关系,使防洪活动在有序、高效、科学的轨道上顺利进行,最终达到治理、预防、减轻洪涝灾害,保障人民生命和财产安全,保障社会主义现代化建设实现的根本目的。

2. 防洪工作的基本原则

防洪工作实行全面规划、统筹兼顾、预防为主、综合治理、局部利益服从全局利益的原则(第二条)。其中,局部利益服从全局利益原则适用于我国防洪工作的各个方面,其中包括对蓄滞洪区的规定。我国一方面地域辽阔,洪涝灾害频繁,另一方面由于经济发展水平所限,全社会用于修建水利工程设施的投入难以满足抵御各种标准的洪水侵袭的要求,防洪能力十分有限。在这种情况下,为了将洪水损失减小到最低,不得已时只能牺牲局部利益以保大局。坚持局部利益服从全局利益的原则,对实践有直接的指导意义,无论是领导同志还是普通群众,都要牢固树立从大局出发的思想,洪水无情,只有在必要时勇于舍小家、保大家,才能使洪水得到有效的遏制,降低所受到的损失。

3. 防洪管理制度

《防洪法》第八条对防洪的管理体制给予了明确的规定:国务院水行政主管部门在国务院的领导下,负责全国防洪的组织、协调、监督、指导等日常工作。国务院水行政主管部门在国家确定的重要江河、湖泊设立的流域管理机构，在所管辖的范围内行使法律、行政法规规定和国务院水行政主管部门授权的防洪协调和监督管理职责。国务院建设行政主管部门和其他有关部门在国务院的领导下，按照各自的职责，负责有关的防洪工作。县级以上地方人民政府水行政主管部门在本级人民政府的领导下，负责本行政区域内防洪的组织、协调、监督、指导等日常工作。县级以上地方人民政府建设行政主管部门和其他有关部门在本级人民政府的领导下，按照各自的职责，负责有关的防洪工作。

（二）防洪规划

《防洪法》关于防洪规划的规定共 9 条。主要内容包括：防洪规划的定义及分类；防洪规划与其他规划的关系；防洪规划的编制机关及审批程序；编制防洪规划的基本原则；防洪规划的内容；受风暴潮威胁的沿海地区的县级以上地方人民政府应当把防御风暴潮纳入本地区的防洪规划；山洪多发地区的县级以上地方人民政府应当组织有关部门采取防治措施；易涝地区的有关地方人民政府应当制订除涝治涝规划，采取治理措施；长江、黄河等六大江河入海河口整治规划的审批程序；防洪规划保留区制度及防洪规划同意书制度。

1. 防洪规划的定义、种类、作用

《防洪法》第九条规定：防洪规划是指为防治某一流域、河段或者区域的洪涝灾害而制定的总体部署，包括国家确定的重要江河、湖泊的流域防洪规划，其他江河、河段、湖泊的防洪规划以及区域防洪规划。防洪规划应当服从所在流域、区域的综合规划；区域防洪规划应当服从所在流域的流域防洪规划。防洪规划是江河、湖泊治理和防洪工程设施建设的基本依据。

2. 防洪规划的编制原则及内容

《防洪法》第十一条规定：编制防洪规划，应当遵循确保重点、兼顾一般，以及防汛和抗旱相结合、工程措施和非工程措施相结合的原则，充分考虑洪涝规律和上下游、左右岸的关系以及国民经济对防洪的要求，并与国土规划和土地利用总体规划相协调。防洪规划应当确定防护对象、治理目标和任务、防洪措施和实施方案，划定洪泛区、蓄滞洪区和防洪保护区的范围，规定蓄滞洪区的使用原则。

3. 山洪防治

《防洪法》第十三条规定：山洪可能诱发山体滑坡、崩塌和泥石流的地区以及其他山洪多发地区的县级以上地方人民政府，应当组织负责地质矿产管理工作的部门、水行政主管部门和其他有关部门对山体滑坡、崩塌和泥石流隐患进行全面调查，划定重点防治区，采取防治措施。城市、村镇和其他居民点以及工厂、矿山、铁路和公路干线的布局，应当避开山洪威胁；已经建在受山洪威胁的地方的，应当采取防御措施。

4. 防涝措施

《防洪法》第十四条规定：平原、洼地、水网圩区、山谷、盆地等易涝地区的有关地方人民政府，应当制订除涝治涝规划，组织有关部门、单位采取相应的治理措施，完善排水系统，发展耐涝农作物种类和品种，开展洪涝、干旱、盐碱综合治理。城市人民政府应当加强对城区排涝管网、泵站的建设和管理。

(三)治理与防护

《防洪法》关于治理与防护的法律规定共11条。主要内容包括:防治江河洪水的方法、策略;整治和修建控制引导河水流向、保护堤岸等工程应当遵循的原则以及规划治导线确定的程序;整治河道与其他事业之间的关系;河道、湖泊管理体制及管理范围的划定;禁止在河道、湖泊管理范围内从事某些有碍行洪的活动;禁止围湖造地、围垦河流;对居住在行洪河道内居民的外迁;护堤护岸林木的管理及采伐;如何处置壅水、阻水工程;建设工程设施应当符合防洪要求及河道内建设项目的审批制度;水行政主管部门对河道内的建设行使监督检查权。

1. 江河洪水的防治

《防洪法》第十八条中对江河洪水的防治规定:防治江河洪水,应当蓄泄兼施,充分发挥河道行洪能力和水库、洼淀、湖泊调蓄洪水的功能,加强河道防护,因地制宜地采取定期清淤疏浚等措施,保持行洪畅通。防治江河洪水,应当保护、扩大流域林草植被,涵养水源,加强流域水土保持综合治理。

2. 江河洪水的治理

《防洪法》第十九条规定:整治河道和修建控制引导河水流向、保护堤岸等工程,应当兼顾上下游、左右岸的关系,按照规划治导线实施,不得任意改变河水流向。国家确定的重要江河的规划治导线由流域管理机构拟定,报国务院水行政主管部门批准。其他江河、河段的规划治导线由县级以上地方人民政府水行政主管部门拟定,报本级人民政府批准;跨省、自治区、直辖市的江河、河段和省、自治区、直辖市之间的省界河道的规划治导线由有关流域管理机构组织江河、河段所在地的省、自治区、直辖市人民政府水行政主管部门拟定,经有关省、自治区、直辖市人民政府审查提出意见后,报国务院水行政主管部门批准。

(四)防洪区和防洪工程设施的管理

《防洪法》关于防洪区和防洪工程设施管理的规定共9条。主要内容包括:防洪区的分类及划定;对防洪区内的土地实行分区管理;地方各级人民政府在防洪区安全与建设工作中的职责;洪泛区、蓄滞洪区内安全建设计划;有关扶持和补偿、救助制度及非防洪建设项目的洪水影响评价制度;防洪重点保护对象及保护要求;防洪工程设施的管理和保护措施;水库大坝的安全管理制度及防洪工程和设施、材料的保护措施等。

1. 防洪区的分类与划定

《防洪法》第二十九条规定:防洪区是指洪水泛滥可能淹及的地区,分为洪泛区、蓄滞洪区和防洪保护区。洪泛区是指尚无工程设施保护的洪水泛滥所及的地区。蓄滞洪区是指包括分洪口在内的河堤背水面以外临时贮存洪水的低洼地区及湖泊等。防洪保护区是指在防洪标准内受防洪工程设施保护的地区。洪泛区、蓄滞洪区和防洪保护区的范围,在防洪规划或者防御洪水方案中划定,并报请省级以上人民政府按照国务院规定的权限批准后予以公告。

2. 防洪工程设施管理与保护

《防洪法》第三十五条规定:属于国家所有的防洪工程设施,应当按照经批准的设计,在竣工验收前由县级以上人民政府按照国家规定,划定管理和保护范围。属于集体所有的防洪工程设施,应当按照省、自治区、直辖市人民政府的规定,划定保护范围。在防洪工程设施保护范围内,禁止进行爆破、打井、采石、取土等危害防洪工程设施安全的活动。

3. 水库大坝安全管理

《防洪法》第三十六条规定:各级人民政府应当组织有关部门加强对水库大坝的定期检查和监督管理。对未达到设计洪水标准、抗震设防要求或者有严重质量缺陷的险坝,大坝主管部门应当组织有关单位采取除险加固措施,限期消除危险或者重建,有关人民政府应当优先安排所需资金。对可能出现垮坝的水库,应当事先制订应急抢险和居民临时撤离方案。各级人民政府和有关主管部门应当加强对尾矿坝的监督管理,采取措施,避免因洪水导致垮坝。

(五)防汛抗洪

《防洪法》关于防汛抗洪的规定共10条。主要内容包括:防汛抗洪工作的责任制度和职责分工;防汛指挥机构的设置、组成及职责;防御洪水方案的制订和地位;汛期起止日期的确定及紧急防汛期的宣布;防汛指挥机构有关行政措施的授权;汛期内有关部门和单位的职责与任务;汛期内水库等水工程设施的使用和调度;紧急防汛期内防汛指挥机构采取有关紧急措施的职权;国务院、省级人民政府及其防汛指挥机构启用蓄滞洪区的权限;发生洪涝灾害后,有关人民政府对救灾工作和水毁工程设施修复的职责等。

1. 防汛抗洪工作的责任制度和职责分工

《防洪法》第三十八条规定:防汛抗洪工作实行各级人民政府行政首长负责制,统一指挥、分级分部门负责。

1)防汛抗洪工作的责任制度

实行防汛抗洪工作首长负责制,即各级人民政府行政首长对本地区的防汛抗洪工作负责,在防洪过程中,负责组织、指挥和领导。防汛抗洪工作的行政首长负责制,并不是仅适用于汛期,而是一种常年的工作制度。

2)防汛抗洪工作的职责分工

防汛抗洪工作实行分级、分部门负责制。分级负责是我国行政管理工作的一项基本制度,防汛抗洪工作实行分级负责,符合防汛抗洪工作的实际需要,也是适应行政管理工作的需要。各级人民政府根据分级负责制的要求,应当加强对防汛抗洪工作的领导,采取措施,做好防汛抗洪工作,确保防洪安全,减轻洪水灾害造成的损失。各有关部门在本级人民政府的领导下,服从本级人民政府防汛指挥机构的统一指挥,按照统一部署,根据分工,各司其职,各负其责,密切配合,切实履行本部门的职责。

目前,国家防汛抗洪分部门负责制度所涉及的部门主要有:计划部门,负责协调安排防洪建设、修复水毁工程的资金和计划内物资;经济综合管理部门,负责协调安排抗洪救灾资金和物资;水利部门,负责防洪工程的管理,提供雨情、水情、洪水预报,负责所辖防洪工程的运行安全,组织防洪抢险及水毁防洪工程的修复工作;公安部门,负责维护防汛抢险秩序和灾区社会治安工作,协助组织群众撤离和转移,打击犯罪活动,做好防汛抗洪的治安保卫工作;民政部门,负责灾民的生活救济工作;财政部门,负责防汛经费的及时下拨和监督使用;电力部门,负责所辖水电站的运行安全和防汛指挥机构防洪调度命令的实施,保障电力供应;交通部门,负责所辖交通设施的防洪安全,督促船舶航行服从防洪安全要求,配合水利部门做好汛期通航河道的堤岸保护,优先运送防汛抢险人员和物资、设备等。

2. 防汛指挥机构

关于防汛指挥机构的设置、组成及职责的规定,《防洪法》第三十九条内容为:国务院设立国家防汛指挥机构,负责领导、组织全国的防汛抗洪工作,其办事机构设在国务院水行政主管部门。在国家确定的重要江河、湖泊可以设立由有关省、自治区、直辖市人民政府和该江河、湖泊的流域管理机构负责人等组成的防汛指挥机构,指挥所管辖范围内的防汛抗洪工作,其办事机构设在流域管理机构。有防汛抗洪任务的县级以上地方人民政府设立由有关部门、当地驻军、人民武装部负责人等组成的防汛指挥机构,在上级防汛指挥机构和本级人民政府的领导下,指挥本地区的防汛抗洪工作,其办事机构设在同级水行政主管部门;必要时,经城市人民政府决定,防汛指挥机构也可以在建设行政主管部门设城市市区办事机构,在防汛指挥机构的统一领导下,负责城市市区的防汛抗洪日常工作。

3. 汛期与紧急防汛期

1)汛期与紧急防汛期的确定

《防洪法》第四十一条规定:省、自治区、直辖市人民政府防汛指挥机构根据当地的洪水规律,规定汛期起止日期。当江河、湖泊的水情接近保证水位或者安全流量,水库水位接近设计洪水位,或者防洪工程设施发生重大险情时,有关县级以上人民政府防汛指挥机构可以宣布进入紧急防汛期。

2)汛期有关部门及单位的职责和任务

《防洪法》第四十三条规定:在汛期,气象、水文、海洋等有关部门应当按照各自的职责,及时向有关防汛指挥机构提供天气、水文等实时信息和风暴潮预报;电信部门应当优先提供防汛抗洪通信的服务;运输、电力、物资材料供应等有关部门应当优先为防汛抗洪服务。中国人民解放军、中国人民武装警察部队和民兵应当执行国家赋予的抗洪抢险任务。

3)汛期水工程设施运用的规定

《防洪法》第四十四条规定:在汛期,水库、闸坝和其他水工程设施的运用,必须服从有关的防汛指挥机构的调度指挥和监督。在汛期,水库不得擅自在汛期限制水位以上蓄水,其汛期限制水位以上的防洪库容的运用,必须服从防汛指挥机构的调度指挥和监督;在凌汛期,有防凌汛任务的江河的上游水库的下泄水量必须征得有关的防汛指挥机构的同意,并接受其监督。

4)紧急防汛期中的紧急应急措施

《防洪法》第四十五条规定:在紧急防汛期,防汛指挥机构根据防汛抗洪的需要,有权在其管辖范围内调用物资、设备、交通运输工具和人力,决定采取取土占地、砍伐林木、清除阻水障碍物和其他必要的紧急措施;必要时,公安、交通等有关部门按照防汛指挥机构的决定,依法实施陆地水面交通管制。

依照前款规定调用的物资、设备、交通运输工具等,在汛期结束后应当及时归还;造成损坏或者无法归还的,按照国务院有关规定给予适当补偿或者作其他处理。取土占地、砍伐林木的,在汛期结束后依法向有关部门补办手续;有关地方人民政府对取土后的土地组织复垦,对砍伐的林木组织补种。

(六)保障措施

防洪工作作为一项社会性的公益事业,不以营利为目的,需要大量的投入。无论是江河、湖泊的治理,防洪工程的建设,还是水毁防洪工程的修复,抗洪抢险的顺利进行,都需要有坚实的经济支持才能做到。因此,《防洪法》专门设立了保障措施一章,对防洪工作所涉及的保障措施作了规定,以保证防洪事业的稳步发展。《防洪法》的保障措施共6条,分别就人民政府在防洪投入方面的责任、中央和地方在防洪投入范围上的划分、防洪工程建设维护资金的筹集、企事业单位和农村居民在防洪投入方面的义务等作了明确的规定,相关条款如下。

第四十八条:各级人民政府应当采取措施,提高防洪投入的总体水平。

第四十九条:江河、湖泊的治理和防洪工程设施的建设和维护所需投资,按照事权和财权相统一的原则,分级负责,由中央和地方财政承担。城市防洪工程设施的建设和维护所需投资由城市人民政府承担。

受洪水威胁地区的油田、管道、铁路、公路、矿山、电力、电信等企业、事业单位应当自筹资金,兴建必要的防洪自保工程。

第五十条:中央财政应当安排资金,用于国家确定的重要江河、湖泊的堤坝遭受特大洪涝灾害时的抗洪抢险和水毁防洪工程修复。省、自治区、直辖市人民政府应当在本级财政预算中安排资金,用于本行政区域内遭受特大洪涝灾害地区的抗洪抢险和水毁防洪工程修复。

第五十一条:国家设立水利建设基金,用于防洪工程和水利工程的维护和建设。具体办法由国务院规定。

受洪水威胁的省、自治区、直辖市为加强本行政区域内防洪工程设施建设,提高防御洪水能力,按照国务院的有关规定,可以规定在防洪保护区范围内征收河道工程修建维护管理费。

第五十三条:任何单位和个人不得截留、挪用防洪、救灾资金和物资。

各级人民政府审计机关应当加强对防洪、救灾资金使用情况的审计监督。

(七)法律责任

《防洪法》就防洪规划、治理与防护、防洪区和防洪工程设施的管理、防汛抗洪、保障等与防洪工作联系紧密的问题作了规定,设立了一系列的法律制度,目的就在于防御与减轻洪涝灾害,维护人民的生命和财产安全,保障社会主义现代化建设顺利进行。为了确保这些制度得到实施,必须对违反这些制度的行为进行处罚。

第四章　水污染及其防治

随着工业进步和社会发展,水污染亦日趋严重,成了世界性的头号环境治理难题。

早在18世纪,英国由于只注重工业发展,而忽视了水资源保护,大量的工业废水废渣倾入江河,造成泰晤士河污染,已基本丧失了利用价值,从而制约了经济的发展,同时也影响到人们的健康、生存。之后经过百余年治理,投资5亿多英镑,直到20世纪70年代,泰晤士河水质才得到改善。

19世纪初,德国莱茵河也发生严重污染,德国政府为此运用严格的法律和投入大量资金致力于水资源保护。经过数十年不懈努力,在莱茵河流经的国家及欧盟的共同合作治理下,才使莱茵河碧水畅流,达到饮用水标准。

水质恶化也困扰着美国人。一直以来,纽约市民以自来水水质清洁而自豪,其他州的面包商甚至特地使用纽约市自来水以生产货真价实的纽约圈饼。1993年寄生虫侵入密尔沃基供水系统,造成100人死亡,40万人致病后,水质问题备受关注,如今纽约市民每天生活在饮水不净的威胁下。美国前总统克林顿宣布了一项投资23亿美元的清洁水行动计划,治理美国已受污染40%的水域。

虽然人们已经认识到污染江河湖泊等天然水资源的恶果,并着手进行治理,但毕竟已经遭受了巨大的损失,并将继续为此付出沉重的代价。

第一节　水污染概述

一、水环境

地球上的水以气态、液态和固态的形式存在,构成了自然地理环境的重要组成部分——水环境。它是水资源的存在形式和品质表征。水是生命之源,是人类赖以生存的最基本物质。据测定,人体是由水、蛋白质、脂肪、碳水化合物、无机盐和维生素6大类营养素构成的,其中水的含量最多,成人含水量为65%～70%,儿童含水量为80%左右,而婴儿含水量则高达90%。因此,人体绝大部分是由水组成的。水在人体中的主要功能有四个方面:其一,作为溶剂,可溶解体内的多种物质,使其保持一定的浓度,使营养素进入细胞并便于吸收,同时使代谢产物随体液带至排泄器官而排至体外;其二,调节体温,因为血液中含有大量的水分,可吸收体内新产生的热量,并随血液循环来调节体温;其三,水作为液体可输送糖、蛋白质、脂肪、维生素等营养物质到身体各部位;其四,水作为器官、关节及肌肉的润滑剂。由此可见,水对人体健康产生直接影响。人每天都必须补充一定量的水,才能维持生命活动。但是,人们只有饮用了清洁的水,水在人体内的功能才能实现。如果饮用了不清洁的水,水在人体内的功能就有可能不能全部实现,并且不洁净的水体内含有一些人体不需要的元素和化合物,进入人体后直接危害人体的机能,影响人体健康。然而,随着现代化工业特别是有机化工、石油化工、医药、农药、化肥等工业的迅速发展,有机化合物的种类与日俱增,大量有机物通过各种途径进入了人类环境,特别是水环境,对人类健康形成了直接威胁。这种威胁可通过多种途径来实现,例如,污染饮用水源而直接危害人体健康,污染水生生物后通过食物链危害人体健康,污水灌溉农作物后污染物进入作物果实而危害人体健康等。迄今为止,人们已在水中分离检测出 2 221 种有害污染物。

在自然地理学上,水环境是指地表水体和地下含水层分布地域的自然综合体,包括地球上分布的各种水体以及与之密切相连的诸环境要素,如河床、植被、土壤、海岸等。水环境可分为地表水环境和地下水环境。地表水环境包括河流、湖泊、水库、海洋、沼泽、冰川等,地下水环境包括泉水、浅层地下水、深层地下水等。水环境是构成环境的基本要素之一,是人类赖以生存和发展的重要场所,同时也是受人类干扰和破坏最严重的环境。水环境与其他环境要素(如土壤、生物、大气等)相互影响、相互制约,构成有机的综合体。当水环境改变时,必然引起其他环境的变化。

广义的水环境是水生(态)环境,即为保护水体、涵养水源及防治水土流失所需的自然环境和社会环境。

狭义的水环境一般指河流、湖泊、沼泽、水库、地下水、冰川、海洋等地表贮水体中的水本身及水体中悬浮物、溶解物质、底泥,还包括水生生物等。

对水环境进行合理的保护和利用是环境保护与研究的重要内容。水环境保护包括两个方面:

(1)水生环境保护,即保护河流、湖泊及海洋等水体免遭污染。由于人类活动排放的污染物进入前述各水体,使水和水体底泥的物理、化学性质或生物群落组成发生变化,从而降低了水体的使用价值,特别是淡水水体水源的供水保障。

(2)陆生环境保护,即防治水土流失,减少河湖泥沙淤积;涵养水源,增加水体枯水期水量,保障可供水量,削减汛期洪峰流量,增加河湖对洪水的调蓄能力,降低水旱灾害损失。

水是有限的和易受损害的资源,保护水环境就是保护水资源,为人类生存和发展提供清洁、稳定的水源,维持各水体的健康和生态系统的稳定。

二、水污染

在水的自然循环中,往往有化学物质进入水中,其中从非污染环境(天然原始环境)进入的物质叫作自然杂质或本底杂质,从污染环境进入的物质则叫作污染物。如果进入水体中的污染物的数量或浓度超过水体的自净能力,那么水体原有的使用价值就会丧失,这种现象就叫作水污染。

水污染可以划分为以下几种基本类型:

(1)需氧型污染排放的废水中含有大量的有机物,这些有机物在被水体中的微生物氧化分解过程中要消耗水中的溶解氧,从而引起水中溶解氧浓度降低,水质恶化。

(2)毒物型污染排放的废水中含有有机毒物(如酚、农药等)、无机毒物(如汞、铬、砷、氰等)以及放射性物质等,引起水生生物受害中毒,并通过食物链危害人类健康。

(3)富营养型污染排放的废水中含有大量的氮和磷,就可能引起水面滋生大量藻类及其他水生植物。夏季这些藻类覆盖水面,影响水面复氧;冬季这些藻类死亡,就会引起水中的需氧物激增,使水质恶化。

(4)其他类型污染包括感官型、浮油、酸碱、病原体、热等污染。

三、水体中主要污染物及其表征

(一)耗氧型污染物

耗氧型污染物包括碳水化合物、蛋白质、油脂、氨基酸、脂肪酸、脂类等有机物质。这些物质在被水体中微生物分解过程中,要消耗水中的溶解氧。水中有机物的种类繁多,成分复杂,可被水中微生物降解的程度也不一样。水质检测中常以溶解氧(DO)、生化需氧量(BOD)、化学需氧量(COD)、总需氧量(TOD)与总有机碳量(TOC)等指标来反映。

1.溶解氧(DO)

溶解氧(DO)是指溶解在水中的氧气的浓度。当水体中存在有机物质时,氧化分解需要消耗溶解在水中的氧气。若耗氧速度大于氧从大气溶入水体(即大气复氧)的速度,则表现为水体的DO值下降。因此,溶解氧(DO)能衡量水体受有机物污染的程度,是重要的水质指标之一。DO值越小,水质越差。

2.生化需氧量(BOD)

生化需氧量(BOD)是用微生物代谢作用所消耗的溶解氧量来间接表示水体被有机物污染程度的一个重要指标。其定义是:在有氧条件下,好氧微生物氧化分解单位体积水中有机物所消耗的游离氧的数量(mg/L)。一般有机物在微生物的新陈代谢作用下,其降解过程可分为两个阶段:第一阶段是有机物转化为CO_2、NH_3和H_2O的过程;第二阶段则是NH_3进一步在亚硝化菌和硝化菌的作用下,转化为亚硝酸盐和硝酸盐,即所谓硝化过程。NH_3已是无机物,污水的生化需氧量一般仅指有机物在第一阶段生化反应所需要的氧量。微生物对有机物的降解与温度有关,一般最适宜的温度是15~30 ℃,所以在测定生化需氧量时,一般以20 ℃作为测定的标准温度。20 ℃时在BOD的测定条件(氧充足、不搅动)下,一般有机物20 d才能够基本完成在第一阶段的氧化分解过程(完成过程的99%)。也就是说,测定第一阶段的生化需氧量,需要20 d,这在实际工作中是难以做到的。为此,又规定一个标准时间,一般以5 d作为测定BOD的标准时间,因而称之为五日生化需氧量,以BOD_5表示。BOD_5约为BOD_{20}的70%。

3.化学需氧量(COD)

在一定条件下,用强氧化剂处理水样时所消耗的氧化剂的量(以氧计),称为化学需氧量,简写为COD,单位为mg/L。采用重铬酸钾($K_2Cr_2O_7$)作为氧化剂测定出的化学需氧量表示为COD_{Cr},如果采用高锰酸钾作为氧化剂,则用COD_{Mn}表示,又叫作高锰酸钾指数。化学需氧量可以反映水体受还原性物质污染的程度。水中还原性物质包括有机物、亚硝酸盐、亚铁盐、硫化物等。重铬酸钾能够比较完全地氧化水中的有机物,如它对低碳直链化合物的氧化率为80%~90%,因此COD_{Cr}能够比较完全地表示水中有机物的含量。

此外，COD_{Cr}测定需时较短，不受水质限制，因此作为监测工业废水污染的指标。COD_{Cr}的缺点是不能像 BOD_5 那样表示出被微生物氧化的有机物的量，另外废水中的还原性无机物也能消耗部分氧量，造成一定的误差。

如果废水成分相对稳定，则 COD_{Cr} 与 BOD_5 之间有一定的比例关系，且把 BOD_5/COD_{Cr}作为废水是否适宜生化处理的一个衡量指标，一般认为 $BOD_5/COD_{Cr}>0.3$ 的废水可采用生化法处理。一般情况下，$COD_{Cr}>BOD_{20}>BOD_5>COD_{Mn}$。

4. 总需氧量（TOD）与总有机碳量（TOC）

TOD 表示水样中有机污染物在高温下完全燃烧氧化所需氧量；TOC 则代表水体中有机污染物的总碳量，以高温燃烧有机污染物所产生的 CO_2 值来反映，可以进行自动快速测定，克服了 BOD_5 不能迅速及时地反映水体被有机物污染程度的缺陷。有机物分解使水体溶解氧缺乏，影响鱼类和其他水生生物生长，甚至威胁其生存。水中溶解氧耗尽后，有机物将转入厌氧分解，产生硫化氢、氨和硫醇等，气味难闻，水色变黑，水质恶化，除厌氧微生物外，其他生物难以生存。水中耗氧有机物来源广、数量大，例如生活污水和造纸、石油、化工、食品、制革等行业排放的废水都含有大量的有机物。

（二）植物营养物

植物营养物主要是指氮、磷、钾、硫及其化合物。如果氮、磷等植物营养物质大量而连续地进入湖泊、水库及海湾等缓流水体，将促使各种水生生物生长，刺激它们快速繁殖（主要是藻类），就可能带来一系列严重后果：其一，藻类在水体中占据的空间越来越大，使鱼类活动的空间越来越小，衰死的藻类将沉积塘底；其二，藻类种类逐渐减少，并由以硅藻和绿藻为主转为以蓝藻为主，而蓝藻有很多种胶质膜，不适于作鱼饵料，且其中有些种属是有毒的；其三，藻类过度生长繁殖，将造成水中溶解氧的急剧变化，死亡藻类的分解将消耗大量的氧，有可能在一定时间内使水体处于严重缺氧状态，影响鱼类生存；其四，可使漂浮在水面的某些植物如凤眼莲（水葫芦）等“疯长”。藻类死亡和某些植物的茎叶脱落后，沉入水底，在无氧条件下腐烂、分解，又将氮、磷等重新释放进入水中，再供给藻类利用。这样周而复始，形成了氮、磷等植物营养物质在水体内部循环，使植物营养物质长期保存在水体中。所以，缓流水体一旦出现富营养化，即使切断外界营养物质的来源，水体也很难恢复，这是水体富营养化的重要特征。所谓水体富营养化，是指天然水体中由于过量营养物质的排入而引起各种浮游生物和水生生物异常繁殖和生长的现象。这些过量营养物质主要来自于农田施肥、农业废弃物、城市生活污水和某些工业废水。污水中的氮可分为有机氮和无机氮两类，前者是含氮化合物，如蛋白质、多肽、氨基酸和尿素等；后者则指氨氮、亚硝酸态氮，其中大部分直接来自污水，但也有一部分是有机氮经微生物分解转化作用而形成的。城市生活污水中含有丰富的氮、磷，如人体排泄物含有一定数量的氮，使用含磷洗涤剂，含有大量的磷等。另外，如磷灰石、硝石、鸟粪层的开采以及化肥的大量施用，也是氮、磷等营养物质进入水体的来源。一般来说，静水中总磷和无机氮分别为 20 mg/m^3 和 300 mg/m^3，就可以认为水体已处于富营养化的状态。但是，富营养化问题的关键，不是水中营养物的浓度，而是连续不断地流入水体中的营养物的负荷量，因此不能完全根据水中营养物浓度来判定水体富营养化程度。水体中营养物的极限负荷量有两种表示方法：单位体积负荷量 $g/(m^3 \cdot a)$ 或单位面积负荷量 $g/(m^2 \cdot a)$。据研究，如果进入水体中的磷大部分以生物代谢的方式流入,那么贫营养湖与富营养湖之间临界负荷量是:总磷0.2 ~0.5 g/(m^2·a),总氮5 ~10 g/(m^2·a)。对发生富营养化作用来说,磷的作用远远大于氮的作用,磷的含量不很高时就可以引起富营养化。一般常用高锰酸钾指数来表示富营养化程度。在自然地理的正常演变中,湖泊会由贫营养湖发展为富营养湖,进一步又发展为沼泽地和干地,但这一历程在自然条件下需几万年甚至几十万年。但由于水体污染而造成的富营养化将大大促进这一过程。

(三)重金属

水环境质量中研究的重金属主要指汞、镉、铅、铬以及非金属砷等生物毒性显著的元素,通常将这五种元素称为"五毒物质"。重金属污染物质最主要的特征是:在水中不能被微生物降解,而只能发生形态之间的相互转化、分散和富集。水体中重金属含量一般以浓度来表征。

(四)农药

农药可以对环境造成广泛影响,它通过大气、水体、土壤、作物经食物链富集造成危害。由于农药的化学性质不同,在环境中的降解度不同,对人体的影响也不同。环境中的农药,可通过消化道、呼吸道和皮肤等途径进入人体。其中有机磷农药、有机氯农药是造成人体急性或慢性中毒的主要污染物。有机磷农药是一种神经毒剂,它能抑制人体内胆碱酯酶的形成,造成乙酰胆碱聚积,导致神经功能紊乱等。

(五)石油类

石油及其制品是水体重要污染物之一,港口、河口和近海等水域中的石油污染更为突出。近年来,因人类活动,全世界每年排入海洋的石油及其制品高达数百万吨至上千万吨,约占世界石油总产量的5%。石油及其制品进入水体之后,可发生复杂的物理和化学变化,如扩展、蒸发、溶解、卤化、光化学氧化,不易氧化分解的形成沥青块而沉入水底。石油污染给环境带来严重的后果,这不仅是因为石油的各种成分都有一定的毒性,而且油膜具有破坏生物的正常生活环境、造成生物机能障碍的物理作用。

(六)酚类

在酚类化合物中苯酚毒性最大,炼焦、生产煤气、炼油等行业所排废水中以苯酚为主。酚类化合物是一种细胞原浆毒,其毒性作用是与细胞原浆中蛋白质发生化学反应,形成变性蛋白质,使细胞失去活性。酚类化合物污染地表水,如果作为饮用水源,酚类化合物与水中余氯作用生成令人厌恶的氯酚臭类物质,使自来水有特殊氯酚臭,其嗅觉阈值为0.01 mg/L。水体中低浓度酚影响鱼类生殖洄游,仅0.1 ~0.2 mg/L时,鱼肉就有异味,降低食用价值;浓度高时可使鱼类大量死亡,甚至绝迹。

(七)氰化物

氰化物分成两类:一类为无机氰(如氢氰酸)及其盐类(如氰化钠、氰化钾)等,另一类为有机氰。水体中的氰化物主要来源为化工、冶金、炼焦、电镀和选矿等工业废水。这些废水除含有大量氰化物外,往往还含有酚类、重金属或其他污染物。氰化物在水中不仅可以被稀释,也可被水解,生成氢氰酸,然后挥发进入大气,水中的氰化物也就逐渐消失。氰化物是剧毒物质,它对鱼类及其他水生生物的危害较大,水中氰化物含量折合成氰离子,浓度达0.04 ~0.1 mg/L时,能使鱼类死亡。浮游生物和甲壳类生物对氰离子的最大容许浓度为0.01 mg/L。氰化物在水中对鱼类的毒性还与水的pH值、溶解氧及其他金属离子的存在有关。此外,含氰废水还会造成农业减产,牲畜死亡。

(八)废热

热污染是指人类产生的一种过剩能量排入水体,使水体升温,影响水生态系统结构的变化,造成水质恶化的一种污染。水体热污染主要来源于工业冷却水。其中以能源工业为主,其次为冶金、化工、石油、造纸和机械工业。在美国,动力工业冷却水量占全国工业冷却水量的80%以上。水温升高,水中化学反应和生化反应速率也随之提高,许多有毒物质的毒性增强,如氰化物、重金属离子。水体热污染可使水生生物群落、种群结构发生剧烈变化,有的消失,有的发展。如20 ℃的河流中,硅藻为优势种;30 ℃时绿藻就转变成为优势种;35 ~40 ℃时蓝藻就大量繁殖起来。如果水温在短时间内升高5 ℃左右,鱼类生活将受到威胁,甚至死亡。

(九)酸碱及一般无机盐类

酸性废水主要来自矿山排水、冶金与金属加工酸洗废水和酸雨等。碱性废水主要来自碱法造纸、人造纤维、制碱、制革等工业废水。酸、碱废水彼此中和,可产生各种盐类,它们分别与地表物质反应,也能生成一般无机盐类,所以酸和碱的污染也伴随着无机盐类污染。酸、碱废水破坏水体自然缓冲作用,消灭或抑制细菌及微生物的生长,妨碍水体的自净功能,腐蚀管道和船舶。酸碱污染不仅能改变水体的pH值,而且可大大增加水中的一般无机盐类和水的硬度。

(十)放射性物质

放射性物质在化工、冶金、医学、农业等行业使用,并随污水排入水体,形成放射性污染。污染水体最危险的放射性物质有锶90、铯137等,这些物质半衰期长,化学性能与组成人体的主要元素钙、钾相似,经水和食物进入人体后,能在一定部位积累,增加对人体的放射性辐照,可引起遗传变异或癌症。

(十一)病原微生物和致癌物

水体中病原微生物主要来自生活污水、医院废水,制革、屠宰、洗毛等工业废水,以及牧畜污水。病原微生物有三类:①病菌,即可引起疾病的细菌,如大肠杆菌、痢疾杆菌等;②病毒,一般没有细胞结构但有遗传、变异、共生、干扰生命现象的作用,如麻疹、流行性感冒病毒等;③寄生虫,即动物寄生物的总称,如疟原虫、血吸虫等。病原微生物是水体污染中主要的污染物。根据流行病学调查结果,诱发人类癌症的外部因素80% ~90%是化学物质、病毒和放射性物质等环境因素,其中以化学物质为主。目前,已知有上千种化学致癌物质,这些化学致癌物质一般分为三大类:多环芳烃、杂环化合物和芳香胺类。至少有20多种多环芳烃有致癌作用。黄曲霉素是一种杂环化合物,是黄曲霉的一种代谢产物,有强致癌性,可引起肝癌等。芳香胺中有a-萘胺、萘胺、联苯胺等,可引起肝癌、膀胱癌等。水体中致癌物质来源很广,如多环芳烃来自焦化厂、煤气厂、石油精炼厂。大气中的致癌物质通过降水、降尘进入水体。一些工业废水,如石棉开采、金属冶炼等将致癌化合物排入水体,特别是人工合成高分子物质,进入水体后,危害水生生物。据报道,鱼类中的突变率很高,癌变率也高,这些都值得注意。

第二节　中国水污染状况

水环境保护是环境保护工作的重中之重，全国318条主要河流、28个重点湖库每月开展地表水水质监测，监测流域占国土面积的71.9%，监测水量占我国地表水径流量的90%以上。对113个环保重点城市的集中式饮用水源地逐月开展了水质监测；近岸海域监测覆盖面积达260万km^2；在河流省界与市界断面，国家与地方建设了近300个水质自动监测站；在39条国界河流、2个界湖的78个断面开展监测。

一、河流水环境状况

根据《2012年中国环境质量公报》，全国水环境质量不容乐观，长江、黄河、珠江、松花江、淮河、海河、辽河、浙闽片河流、西北诸河和西南诸河等十大流域的国控断面中，Ⅰ~Ⅲ类、Ⅳ~Ⅴ类和劣Ⅴ类水质断面比例分别为68.9%、20.9%和10.2%。珠江流域、西南诸河和西北诸河水质优，长江和浙闽片河流水质良好，黄河、松花江、淮河和辽河水质为轻度污染，海河水质为中度污染。在监测的60个湖泊（水库）中，富营养化状态的湖泊（水库）占25.0%，其中，轻度富营养状态和中度富营养状态的湖泊（水库）比例分别为18.3%和6.7%。在198个城市4 929个地下水监测点位中，优良、良好、较好水质的监测点比例为42.7%，较差、极差水质的监测点比例为57.3%。2012年十大流域水质类别比例如图4-1所示。

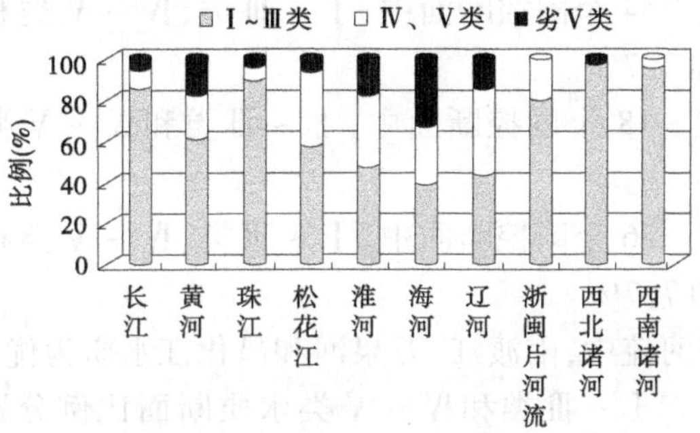

图4-1　2012年十大流域水质类别比例

公报显示，全国近岸海域水质总体一般，Ⅰ、Ⅱ类海水点位比例为69.4%，Ⅲ、Ⅳ类海水点位比例为12.0%，劣Ⅳ类海水点位比例为18.6%。四大海区中，黄海和南海近岸海域水质良好，渤海近岸海域水质一般，东海近岸海域水质极差。9个重要海湾中，黄河口水质优，北部湾水质良好，胶州湾、辽东湾和闽江口水质差，渤海湾、长江口、杭州湾和珠江口水质极差。

（一）长江水系

长江水系水质良好。160个国控断面中，Ⅰ~Ⅲ类、Ⅳ~Ⅴ类和劣Ⅴ类水质断面比例分别为86.2%、9.4%和4.4%。长江干流水质为优。42个国控断面中，Ⅰ~Ⅲ类和Ⅳ~Ⅴ类水质断面比例分别为97.6%和2.4%。

长江支流水质良好。118个国控断面中，Ⅰ~Ⅲ类、Ⅳ~Ⅴ类和劣Ⅴ类水质断面比例分别为 82.2%、11.9% 和 5.9%。长江主要支流中，螳螂川、乌江、涢水、府河和釜溪河为重度污染，外秦淮河和黄浦江为中度污染，普渡河、岷江、沱江、滁河、白河、唐河和唐白河为轻度污染，其他河流水质均为优良。

省界断面水质良好。Ⅰ～Ⅲ类、Ⅳ～Ⅴ类和劣Ⅴ类水质断面比例分别为 82.1%、14.3% 和 3.6%。黔渝交界的乌江万木断面为重度污染，主要污染指标为总磷。从水资源分区来看，长江区Ⅰ～Ⅲ类和劣Ⅴ类水质断面比例分别为 79.0% 和 8.6%。

（二）黄河水系

黄河水系水质为轻度污染。61 个国控断面中，Ⅰ～Ⅲ类、Ⅳ～Ⅴ类和劣Ⅴ类水质断面比例分别为 60.7%、21.3% 和 18.0%。主要污染指标为五日生化需氧量、化学需氧量和氨氮。

黄河干流水质为优。26 个国控断面中，Ⅰ～Ⅲ类和Ⅳ～Ⅴ类水质断面比例分别为 96.2% 和 3.8%。

黄河支流为中度污染。35 个国控断面中，Ⅰ～Ⅲ类、Ⅳ～Ⅴ类和劣Ⅴ类水质断面比例分别为 34.3%、34.3% 和 31.4%。主要污染指标为五日生化需氧量、化学需氧量和氨氮。

省界断面为轻度污染。Ⅰ～Ⅲ类、Ⅳ～Ⅴ类和劣Ⅴ类水质断面比例分别为 63.1%、21.1% 和 15.8%。主要污染指标为五日生化需氧量、化学需氧量和氨氮。从水资源分区来看，黄河区Ⅰ～Ⅲ类和劣Ⅴ类水质断面比例分别为 42.7% 和 33.3%。

（三）珠江水系

珠江流域水质为优。54 个国控断面中，Ⅰ～Ⅲ类、Ⅳ～Ⅴ类和劣Ⅴ类水质断面比例分别为 90.7%、5.6% 和 3.7%。

珠江干流水质为优。18 个国控断面中，Ⅰ～Ⅲ类和Ⅳ～Ⅴ类水质断面比例分别为 94.4% 和 5.6%。

珠江支流水质良好。26 个国控断面中，Ⅰ～Ⅲ类、Ⅳ～Ⅴ类和劣Ⅴ类水质断面比例分别为 84.6%、7.7% 和 7.7%。

海南岛内 4 条入海河流中，南渡江、万泉河和昌化江水质为优，石碌河水质良好。

省界断面水质良好。Ⅰ～Ⅲ类和Ⅳ～Ⅴ类水质断面比例分别为 80.0% 和 20.0%。从水资源分区来看，珠江区Ⅰ～Ⅲ类和劣Ⅴ类水质断面比例分别为 86.4% 和 2.3%。

（四）松花江水系

松花江水系水质为轻度污染。88 个国控断面中，Ⅰ～Ⅲ类、Ⅳ～Ⅴ类和劣Ⅴ类水质断面比例分别为 58.0%、36.3% 和 5.7%。主要污染指标为化学需氧量、高锰酸盐指数和五日生化需氧量。

松花江干流水质良好。16 个国控断面中，Ⅰ～Ⅲ类、Ⅳ～Ⅴ类和劣Ⅴ类水质断面比例分别为 75.0%、18.7% 和 6.3%。

松花江支流为轻度污染。34 个国控断面中，Ⅰ～Ⅲ类、Ⅳ～Ⅴ类和劣Ⅴ类水质断面比例分别为 67.6%、23.6% 和 8.8%。主要污染指标为化学需氧量、高锰酸盐指数和五日生化需氧量。

黑龙江水系为轻度污染。22 个国控断面中，Ⅰ～Ⅲ类和Ⅳ～Ⅴ类水质断面比例分别为45.5%和54.5%。主要污染指标为高锰酸盐指数和化学需氧量。

乌苏里江水系为轻度污染。9个国控断面中，Ⅰ～Ⅲ类和Ⅳ～Ⅴ类水质断面比例分别为44.4%和55.6%。主要污染指标为化学需氧量、高锰酸盐指数和氨氮。

图们江为轻度污染。6个国控断面中，Ⅰ～Ⅲ类、Ⅳ～Ⅴ类和劣Ⅴ类水质断面比例分别为33.3%、50.0%和16.7%。主要污染指标为化学需氧量、高锰酸盐指数和总磷。

绥芬河1个国控断面为Ⅳ类水质，主要污染指标为化学需氧量。

省界断面水质为优。Ⅰ～Ⅲ类水质断面比例为100%。从水资源分区来看，松花江区Ⅰ～Ⅲ类和劣Ⅴ类水质断面比例分别为84.6%和3.8%。

（五）淮河水系

淮河水系水质为轻度污染。95个国控断面中，Ⅰ～Ⅲ类、Ⅳ～Ⅴ类和劣Ⅴ类水质断面比例分别为47.4%、34.7%和17.9%。主要污染指标为化学需氧量、五日生化需氧量和总磷。

淮河干流水质为优。10个国控断面中，Ⅰ～Ⅲ类和Ⅳ～Ⅴ类水质断面比例分别为90.0%和10.0%。

淮河支流为中度污染。42个国控断面中，Ⅰ～Ⅲ类、Ⅳ～Ⅴ类和劣Ⅴ类水质断面比例分别为38.1%、38.1%和23.8%。主要污染指标为化学需氧量、五日生化需氧量和总磷。

沂沭泗水系为轻度污染。11个国控断面中，Ⅰ～Ⅲ类和Ⅳ～Ⅴ类水质断面比例分别为72.7%和27.3%。主要污染指标为化学需氧量、高锰酸盐指数和总磷。

淮河流域其他水系为中度污染。32个国控断面中，Ⅰ～Ⅲ类、Ⅳ～Ⅴ类和劣Ⅴ类水质断面比例分别为37.5%、40.6%和21.9%。主要污染指标为化学需氧量、五日生化需氧量和石油类。

省界断面为中度污染。Ⅰ～Ⅲ类、Ⅳ～Ⅴ类和劣Ⅴ类水质断面比例分别为40.7%、33.4%和25.9%。主要污染指标为化学需氧量、总磷和高锰酸盐指数。从水资源分区来看，淮河区Ⅰ～Ⅲ类和劣Ⅴ类水质断面比例分别为33.3%和25.5%。

（六）海河水系

海河水系水质为中度污染。64个国控断面中，Ⅰ～Ⅲ类、Ⅳ～Ⅴ类和劣Ⅴ类水质断面比例分别为39.1%、28.1%和32.8%。主要污染指标为化学需氧量、五日生化需氧量和氨氮。

海河干流2个国控断面分别为Ⅴ类和劣Ⅴ类水质。主要污染指标为氨氮、高锰酸盐指数和总磷。海河主要支流为中度污染。50个国控断面中，Ⅰ～Ⅲ类、Ⅳ～Ⅴ类和劣Ⅴ类水质断面比例分别为42.0%、24.0%和34.0%。主要污染指标为化学需氧量、五日生化需氧量和氨氮。

滦河水系为轻度污染。6个国控断面中，Ⅰ～Ⅲ类和Ⅳ～Ⅴ类水质断面比例分别为66.7%和33.3%。主要污染指标为五日生化需氧量。徒骇马颊河水系为重度污染。6个国控断面中，Ⅳ～Ⅴ类和劣Ⅴ类水质断面比例分别为50.0%和50.0%。主要污染指标为五日生化需氧量、化学需氧量和高锰酸盐指数。

省界断面为中度污染。Ⅰ～Ⅲ类、Ⅳ～Ⅴ类和劣Ⅴ类水质断面比例分别为41.2%、

26.5%和32.3%。主要污染指标为化学需氧量、五日生化需氧量和氨氮。从水资源分区来看，海河区Ⅰ～Ⅲ类和劣Ⅴ类水质断面比例分别为23.0%和63.9%。

（七）辽河水系

辽河水系水质为轻度污染。55个国控断面中，Ⅰ～Ⅲ类、Ⅳ～Ⅴ类和劣Ⅴ类水质断面比例分别为43.6%、41.9%和14.5%。主要污染指标为五日生化需氧量、氨氮和石油类。

辽河干流为轻度污染。14个国控断面中，Ⅰ～Ⅲ类、Ⅳ～Ⅴ类和劣Ⅴ类水质断面比例分别为35.7%、57.2%和7.1%。主要污染指标为五日生化需氧量、高锰酸盐指数和石油类。

辽河支流为中度污染。6个国控断面中，Ⅳ～Ⅴ类和劣Ⅴ类水质断面比例分别为38.1%和61.9%。主要污染指标为五日生化需氧量、氨氮和总磷。

省界断面为中度污染。Ⅰ～Ⅲ类、Ⅳ～Ⅴ类和劣Ⅴ类水质断面比例分别为37.5%、37.5%和25.0%。主要污染指标为五日生化需氧量、化学需氧量和高锰酸盐指数。从水资源分区来看，辽河区Ⅰ～Ⅲ类和劣Ⅴ类水质断面比例分别为63.6%和18.2%。

（八）浙闽片河流

该流域片水质良好。45个国控断面中，Ⅰ～Ⅲ类和Ⅳ～Ⅴ类水质断面比例分别为80.0%和20.0%。

浙江境内河流为轻度污染。24个国控断面中，Ⅰ～Ⅲ类和Ⅳ～Ⅴ类水质断面比例分别为70.8%和29.2%。主要污染指标为石油类、氨氮和化学需氧量。

福建境内河流水质良好。17个国控断面中，Ⅰ～Ⅲ类和Ⅳ～Ⅴ类水质断面比例分别为88.2%和11.8%。

安徽境内河流4个国控断面均为Ⅱ类水质。皖浙交界的新安江街口断面水质为优。

（九）西北诸河

西北诸河水质为优。51个国控断面中，Ⅰ～Ⅲ类和劣Ⅴ类水质断面比例分别为98.0%和2.0%。

新疆境内河流水质为优。46个国控断面中，Ⅰ～Ⅲ类和劣Ⅴ类水质断面比例分别为97.8%和2.2%。

甘肃境内河流4个国控断面均为Ⅰ～Ⅲ类水质。

青海境内河流1个国控断面为Ⅱ类水质。青甘交界的黑河黄藏寺断面水质为优。

（十）西南诸河

西南诸河水质为优。31个国控断面中，Ⅰ～Ⅲ类和Ⅳ～Ⅴ类水质断面比例分别为96.8%和3.2%。

西藏境内河流水质为优。10个国控断面中，Ⅰ～Ⅲ类水质断面比例为100%。

云南境内河流水质为优。21个国控断面中，Ⅰ～Ⅲ类和Ⅳ～Ⅴ类水质断面比例分别为95.2%和4.8%。

藏滇交界的澜沧江曲孜卡断面水质良好。从水资源分区来看，西南诸河区断面均满足Ⅲ类水质标准。

二、湖泊(水库)水环境状况

2012年,62个国控重点湖泊(水库)中,Ⅰ~Ⅲ类、Ⅳ~Ⅴ类和劣Ⅴ类水质的湖泊(水库)比例分别为61.3%、27.4%和11.3%(见表4-1)。主要污染指标为总磷、化学需氧量和高锰酸盐指数。

表4-1　2012年重点湖泊(水库)水质类别　(单位:个)

湖泊(水库)类型	Ⅰ类	Ⅱ类	Ⅲ类	Ⅳ类	Ⅴ类	劣Ⅴ类
三湖*	0	0	0	2	0	1
重要湖泊	2	3	8	12	1	6
重要水库	3	10	12	2	0	0
总计	5	13	20	16	1	7

注:*指太湖、滇池和巢湖。

除密云水库和班公错外,其他60个湖泊(水库)开展了营养状态监测。其中,4个为中度富营养状态,占6.7%;11个为轻度富营养状态,占18.3%;37个为中营养状态,占61.7%;8个为贫营养状态,占13.3%。

(一)太湖

太湖属于轻度污染。主要污染指标为总磷和化学需氧量。从分布看,西部沿岸区为中度污染,北部沿岸区、湖心区、东部沿岸区和南部沿岸区均为轻度污染。

营养状态评价结果表明,全湖总体为轻度富营养状态。从分布看,西部沿岸区为中度富营养状态,北部沿岸区、湖心区、东部沿岸区和南部沿岸区均为轻度富营养状态。

太湖主要出入湖河流中,梁溪河为中度污染,乌溪河、洪巷港、殷村港、百渎港、太鬲运河和武进港为轻度污染,其他主要出入湖河流水质均为优良。

(二)滇池

滇池属于重度污染。主要污染指标为总磷、化学需氧量和高锰酸盐指数。从分布看,草海和外海均为重度污染。

营养状态评价结果表明,全湖总体为中度富营养状态。从分布看,草海和外海均为中度富营养状态。

滇池主要入湖河流中,新河、老运粮河、海河、乌龙河、船房河、捞渔河和西坝河为重度污染,柴河、马料河、中河和大观河为中度污染,盘龙江、宝象河、洛龙河和东大河为轻度污染。

(三)巢湖

巢湖属于轻度污染。主要污染指标为石油类、总磷和化学需氧量。从分布看,西半湖为中度污染,东半湖为轻度污染。

营养状态评价结果表明,全湖总体为轻度富营养状态。从分布看,西半湖为中度富营养状态,东半湖为轻度富营养状态。

巢湖主要出入湖河流中,南淝河、十五里河和派河为重度污染,兆河为中度污染,其他主要出入湖河流水质均为优良。

(四)重要湖泊

鄱阳湖水质良好,全湖总体为中度富营养状态。洞庭湖为轻度污染,主要污染指标为总磷,全湖总体为中度富营养状态。洪泽湖为中度污染,主要污染指标为总磷,全湖总体为轻度富营养状态。

其他 29 个国控大型淡水湖泊中,达赉湖、白洋淀、淀山湖、贝尔湖、乌伦古湖和程海等 6 个湖泊为重度污染;小兴凯湖、兴凯湖、南四湖、阳澄湖、高邮湖、升金湖、菜子湖、龙感湖、武昌湖、阳宗海和博斯腾湖等 11 个湖泊为轻度污染;南漪湖、瓦埠湖、东平湖、骆马湖、洱海、镜泊湖和班公错等 7 个湖泊水质良好;斧头湖、梁子湖、洪湖、泸沽湖和抚仙湖等 5 个湖泊水质为优。

28 个湖泊的营养状态评价结果表明,达赉湖、白洋淀和淀山湖等 3 个湖泊为中度富营养状态;小兴凯湖、贝尔湖、兴凯湖、南四湖、南漪湖、阳澄湖和高邮湖等 7 个湖泊为轻度富营养状态;瓦埠湖、升金湖、东平湖、菜子湖、乌伦古湖、龙感湖、武昌湖、阳宗海、斧头湖、骆马湖、洱海、程海、梁子湖、博斯腾湖、镜泊湖和洪湖等 16 个湖泊为中度富营养状态;泸沽湖和抚仙湖为贫营养状态。

(五)重要水库

参与评价的 27 个重要水库中,25 个水质为优良;尼尔基水库和莲花水库为轻度污染,主要污染指标均为总磷。

26 个重要水库的营养状态评价结果表明,崂山水库为轻度富营养状态,其他水库均为中度富营养状态或贫营养状态。

(六)重点水利工程

三峡库区水质良好,监测的 3 个国控断面均为Ⅲ类水质。

南水北调(东线)长江取水口夹江三江营断面为Ⅲ类水质。输水干线京杭运河里运河段、宝应运河段、宿迁运河段、鲁南运河段和韩庄运河段均为Ⅲ类水质;梁济运河段为Ⅳ类水质。洪泽湖湖体为Ⅴ类水质,主要污染指标为总磷;营养状态为轻度富营养状态。骆马湖湖体为Ⅲ类水质,营养状态为中度富营养状态。汇入骆马湖的沂河为Ⅲ类水质。南四湖湖体为Ⅳ类水质,主要污染指标为总磷和化学需氧量;营养状态为轻度富营养状态。汇入南四湖的 11 条河流中,老运河(济宁)和光府河为劣Ⅴ类水质,洙赵新河为Ⅴ类水质,泗河、白马河、老运河微山段、西支河、东渔河和洙水河为Ⅳ类水质,沿河和城郭河为Ⅲ类水质。东平湖湖体为Ⅲ类水质,营养状态为中度富营养状态。汇入东平湖的大汶河为Ⅲ类水质。

南水北调(中线)丹江口水库总体为Ⅱ类水质,营养状态为中度富营养状态。入丹江口水库的 9 条支流中,汉江、金钱河、天河、堵河、官山河、丹江、淇河和老灌河水质均为优,浪河水质良好。南水北调(中线)取水口陶岔断面为Ⅱ类水质。

三、地下水环境质量

长期以来"重地表,轻地下",地下水污染比地表水污染更严重。2012 年,全国 198 个地市级行政区开展了地下水水质监测,监测点总数为 4 929 个,其中国家级监测点 800 个。依据《地下水质量标准》(GB/T 14848—93),综合评价结果为水质呈优良级的监测点 580 个,占全部监测点的 11.8%;水质呈良好级的监测点 1 348 个,占 27.3%;水质呈较好级的监测点 176 个,占 3.6%;水质呈较差级的监测点 1 999 个,占 40.5%;水质呈极差级的监测点826个，占16.8%，如图4-2所示。主要超标指标为铁、锰、氟化物、“三氮”（亚硝酸盐氮、硝酸盐氮和氨氮）、总硬度、溶解性总固体、硫酸盐、氯化物等，个别监测点存在重（类）金属超标现象。

与2011年相比，有连续监测数据的水质监测点总数为4 677个，分布在187个城市，其中水质呈变好趋势的监测点793个，占监测点总数的17.0%；水质呈稳定趋势的监测点2 974个，占63.6%；水质呈变差趋势的监测点910个，占19.4%，如图4-3所示。

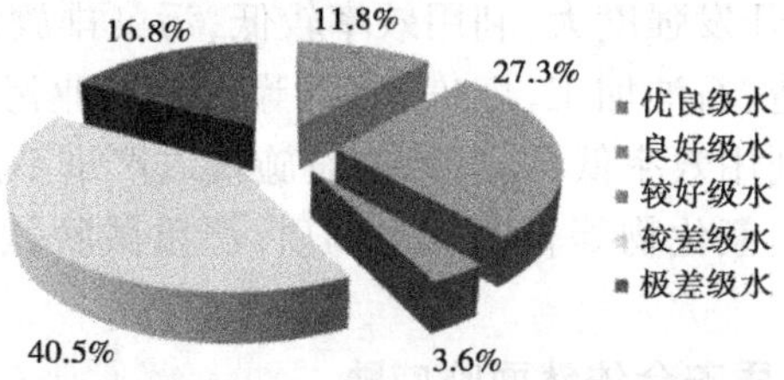

图4-2　2012年全国地下水水质状况

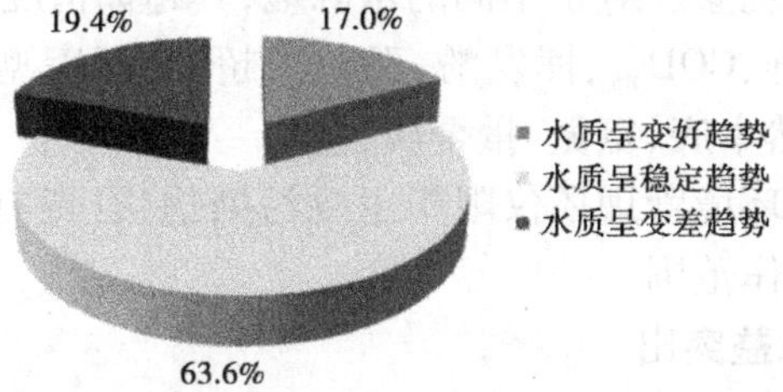

图4-3　2012年全国地下水水质与上年相比变化情况

四、全国环境保护重点城市主要集中式饮用水源地

2012年，全国113个环境保护重点城市共监测387个集中式饮用水源地，其中地表水源地240个，地下水源地147个。环境保护重点城市年取水总量为229.6亿t，服务人口1.62亿人，达标水量218.9亿t，水质达标率为95.3%，与2011年相比，上升4.7个百分点。

五、废水中主要污染物排放量

2012年，全国废水排放总量为684.6亿t，化学需氧量排放总量为2 423.7万t，与2011年相比下降3.05%；氨氮排放总量为253.6万t，与2011年相比下降2.62%。

六、水污染的总体形势

工业污染结构性问题明显，饮用水水源水质安全依然面临威胁，农业面源污染日益突出，突发水污染事件时有发生，富营养化状况没有明显改善（尤其是湖泊、水库）。

对不同的污染物，控制和采用的方法也不同。常规污染物，如工业和城镇生活、规模化养殖等点源污染，农村生活、分散式畜禽养殖、水产养殖、农业面源污染，采用常规防治方法；有毒有害、痕量污染物，表现形式常常以突发事件出现，采用应急方式来处理。第一次全国污染源普查结果显示，废水排放总量 2 092.81 亿 t，化学需氧量3 028.96万 t，氨氮 172.91 万 t，总氮 472.89 万 t，总磷 42.32 万 t，石油类 78.21 万 t，重金属（镉、铬、砷、汞、铅）0.09 万 t。

（一）工业污染结构性问题明显

主要污染物集中在少数行业，造纸、化工、纺织等行业化学需氧量、氨氮排放量占全部工业排放量的比例非常大，如黄河流域。黄河中上游长期以来形成了以重化工为主的工业结构，煤炭、石油等资源开发强度大，利用效率较低，污染排放强度高的行业分布比较密集。流域内化工、食品酿造、石油加工、炼焦、造纸等主导产业污染比较严重，部分企业工艺落后，原材料及水资源利用效率低，污染治理设施投入严重不足，有些企业甚至排放汞、镉、铅、砷、六价铬、挥发酚、氰化物等有毒有害物质，严重威胁饮水安全，容易发生水污染事故。

（二）饮用水水源地水质安全依然面临威胁

环境保护部 2007 ~ 2010 年开展的饮用水水源地基础环境状况调查显示，有 1/5 左右的水源地存在污染物超标现象。对于不同的水源地，其超标情况不同，如河流型主要是氨氮、总氮、总磷、粪大肠菌群、COD_{Mn}、挥发酚、石油类超标，湖库型主要是总氮、总磷、藻类超标，地下水型主要是自然本底、氨氮、重金属超标。

目前饮用水水源地的环境管理还仅限于主要污染物，有毒有机污染物的监测与管理在大多数地方还未纳入工作范围。

（三）农业面源污染日益突出

根据第一次全国污染源普查结果，农业面源污染物排放对水环境的影响较大，其化学需氧量、总氮和总磷排放量为 1 324.09 万 t、270.46 万 t 和 28.47 万 t，分别占全国排放量的 43.7%、57.2% 和 67.4%。要从根本上解决我国的水污染问题，必须把农业面源污染防治纳入环境保护的重要议程。

（四）突发水污染事件时有发生

近年来，突发水污染事件时有发生，如松花江污染事件、紫金矿业污染事件、江苏盐城饮用水源污染、福建泉港区城市污水处理厂群体性事件、太湖蓝藻暴发事件、云南阳宗海砷污染事件。

七、已开展的工作及存在的问题

（一）水污染防治法律制度逐步完善

1984 年 5 月 11 日，《中华人民共和国水污染防治法》（简称《水污染防治法》）由第六届全国人民代表大会常务委员会第五次会议通过，自 1984 年 11 月 1 日起施行；1996 年 5 月 15 日，根据第八届全国人民代表大会常务委员会第十九次会议通过的《关于修改〈中华人民共和国水污染防治法〉的决定》作了部分修改。

2008 年 2 月 28 日，新的《水污染防治法》由第十届全国人民代表大会常务委员会第三十二次会议通过，自 2008 年 6 月 1 日起施行。2008 年修订通过的《水污染防治法》为全面推动新时期水污染防治工作提供了坚实的法律依据。新修订的《水污染防治法》对很多条款都进行了补充和完善，如地下水污染防治方面，饮用水安全方面，水污染责任、处罚力度等都进行了完善。

从几年来的实践看，修订后的《水污染防治法》对水环境保护工作起到了至关重要的作用，已经成为水污染防治工作新的准绳。

（二）水污染物排放总量得到有效控制

（1）主要污染物排放总量持续下降，"十一五"目标如期完成。在我国经济快速增长、能源消耗加速的情况下，主要污染物排放总量依然保持了持续下降。2009 年，全国化学需氧量、二氧化硫排放总量分别为 1 277.5 万 t、2 214.4 万 t，比 2008 年分别下降 3.27% 和 4.60%；与 2005 年相比，分别下降 9.66% 和 13.14%，二氧化硫减排进度已超过"十一五"减排 10% 的目标要求。

（2）强化目标考核与责任追究制度，加大减排预警。"十一五"前四年，环境保护部公开通报 8 座城市、17 家电厂、2 家钢铁集团和 29 座污水处理厂，并责令限期整改；处罚 18 家电厂；对 4 座城市和 3 家电力集团、1 家钢铁集团实行区域或集团限批；对减排进度较慢的 8 省（区）发出减排预警，约谈政府领导，加强督察指导。

（3）出台一系列有利于污染减排的经济政策，推进排污权交易试点。

（4）全力推动工程减排、结构减排，促进了经济增长方式转变。"十一五"前四年，第一，累计新增城市污水处理能力 4 460 万 t/a，全国城镇污水处理总能力达到 1.058 亿 t/a；第二，3 000 多家重点排污企业建成深度治理设施；第三，累计淘汰水泥落后产能 2.14 亿 t、炼铁 8 100 万 t、炼钢 6 000 万 t、炼焦 6 300 万 t；第四，关闭了一批造纸、化工、味精、酒精和酿造企业。

（三）饮用水安全保障工作得到加强

（1）编制饮用水安全保障相关规划。制订了我国第一部饮用水水源地环境保护规划《全国城市饮用水水源地环境保护规划（2008 ~ 2020 年）》，"以防为主、防治结合、统筹规划、综合治理、突出重点、分步实施、创新机制、加强监管、明确职责、强化考核"。

（2）不断加大饮用水水源地环境保护的执法监督力度。仅 2009 年，环境保护部就检查饮用水水源地 3 177 个，取缔或关闭企业 831 家、直接排污口 220 个，拆除违法建设项目 780 个，对 2006 ~ 2008 年 56 起涉及饮用水安全的突发环境事件进行追踪调查。

（3）大力解决农村饮水安全问题。2006 ~ 2009 年，中央政府累计投资 390 亿元，累计解决了 1.54 亿农村人口饮水问题。

（四）重点流域水污染防治工作取得进展

"九五"期间，重点开展了淮河、海河、辽河、太湖、巢湖、滇池的水污染防治工作，"十五"增加了三峡库区及其上游、南水北调水源地及其沿线，"十一五"增加了松花江、黄河小浪底库区及其上游。从"九五"到"十一五"，进行了 15 年的重点流域水污染防治工作，编制了《重点流域水污染防治专项规划实施情况考核暂行办法》。

（五）农村环境保护工作取得积极进展

（1）积极实施"以奖促治"、"以奖代补"等政策，加强了农村小型污水处理设施的建设，促进了养殖业的污染治理。

（2）积极开展农村污染防治。

（3）努力探索面源污染治理。

（六）环境执法与应急管理工作逐步强化

（1）2009 年，全国出动执法人员 242 万余人次，检查企业 98 万多家次，查处环境违法案件 1 万多起，挂牌督办 2 587 起，119 名责任人被追究责任。

（2）开展扩内需保增长建设项目专项检查，对 23 个省（区、市）313 家企业（项目）进行现场检查，查出 62 家企业（项目）存在环境违法问题。

（3）开展规模化畜禽养殖场执法检查，共检查 33 000 余家，依法查处环境违法问题 19 000 多个，关闭禁养区内规模化养殖场 1 035 家。

（4）加强全过程环境应急管理。2009 年环境保护部直接调度处理 171 起突发环境事件，同比增长 26.67%。

（七）水污染防治支撑体系不断强化

（1）三大工程成果丰硕。污染源普查、环境宏观战略研究、水污染专项治理是环境保护三大基础性战略工程。

（2）环境监测转型加快推进。2009 年国控废水排放企业年均达标率为 78%，同比增长 12 个百分点；污水处理厂年均达标率为 70%，同比增长 9 个百分点。

（3）宣传教育、国际合作扎实推进。在《关于做好新形势下环境宣传教育工作的意见》指导下，利用“六五”环境日、第十三届世界湖泊大会，积极开展宣传。

（八）存在的问题

污染减排压力有增无减，环境安全隐患问题突出，污水处理配套设施建设滞后，环境监管能力有待加强，环境保护监测能力严重滞后。水污染防治工作依然存在不足，面临一些挑战和困难。

（1）近些年来环境保护取得明显成效，局部地区水环境质量有了较大改善，但是水环境污染恶化的趋势总体尚未得到根本扭转。

（2）水环境保护正处于艰难的负重爬坡阶段和优化经济增长的新阶段。

（3）预计“十二五”期间，全国的水环境形势将呈现“墨迹效应”，污染因子将不断增加，出现复杂的流域性污染态势，水环境压力将继续加大。

八、水污染防治工作设想与对策

（一）继续抓好主要污染物减排工作

完成“十二五”减排目标，深入推进结构减排、工程减排、管理减排，其中工程减排是最显著的一项减排措施。

（二）严格环境准入

（1）认真落实《规划环境影响评价条例》。制定国民经济和社会发展专项规划环评指导意见；抓好“两高一资”行业、重点流域区域开发规划环评；继续推进五大区域战略环评。

（2）深化建设项目环评。坚持“疏”、“堵”结合，实行分类审批，服务好经济社会发展大局。

（3）强化环境保护验收管理。坚持关口前移，积极推进施工期环境监理。

（4）着力开展工程建设领域突出问题专项治理工作。以政府投资和国有资金支持的项目为重点，全面排查2008年以来规模以上投资项目环境保护要求落实情况及环境保护资金使用情况。

（三）努力提高饮水安全保障水平

（1）指导和督促地方政府科学划分饮用水水源保护区；

（2）加大保障饮用水安全相关规划的实施力度；

（3）完善饮用水水源保护区分级管理制度；

（4）组织开展地表水饮用水水源环境状况评估；

（5）建立并完善城乡饮用水水源污染应急预警体系。

（四）进一步强化重点流域水污染防治工作

加大考核力度，强化对点源的监督管理，研究面源污染治理综合措施，开展内源污染防治，强化产业结构调整。

第三节　《水污染防治法》概述

一、《水污染防治法》修订历程

原《水污染防治法》于1984年5月11日第六届全国人民代表大会常务委员会第五次会议通过，同年11月开始施行。1996年5月15日第八届全国人民代表大会常务委员会第十九次会议通过的《关于修改〈中华人民共和国水污染防治法〉的决定》是对《水污染防治法》的第一次修订；现行的《水污染防治法》是2008年2月28日第十届全国人民代表大会常务委员会第三十二次会议全票通过的《水污染防治法》修订案，于2008年6月1日施行。现行的《水污染防治法》结构上比1996年的修订版增加了一章内容，法律条款亦增加了34条，其指导思想明确，内容和结构更为丰富和完善，制度更符合实际，为水污染防治工作由被动应对转向主动防控、让江河湖泊休养生息奠定了坚实的法律基础。

现行的《水污染防治法》包括总则、水污染防治的标准和规划、水污染防治的监督管理、水污染防治措施、饮用水水源和其他特殊水体保护、水污染事故处置、法律责任、附则，共8章92条。

经过两次修订，现行的《水污染防治法》的主要进步体现在：第一，确立了“保障饮用水安全、促进可持续发展”的立法目的；第二，进一步明确了地方政府在水污染防治中的责任；第三，扩大了地方政府和环保部门在水污染防治中的权力；第四，完善了饮用水水源保护区管理制度；第五，分别强化了城镇水污染防治和农业农村水污染防治；第六，强化了重点水污染物排放总量控制制度；第七，在法律位阶上明确了排污许可制度；第八，完善了环境信息的收集和分析制度；第九，加大了违法排污处罚力度；第十，完善了水污染损害赔偿责任制度。

二、《水污染防治法》的主要内容

《水污染防治法》是我国为防治水环境的污染而制定的基本法律。

（一）立法总则

1. 立法目的

《水污染防治法》第一条明确规定：为了防治水污染，保护和改善环境，保障饮用水安全，促进经济社会全面协调可持续发展，制定本法。

2. 法律适用范围

《水污染防治法》第二条规定：本法适用于中华人民共和国领域内的江河、湖泊、运河、渠道、水库等地表水体以及地下水体的污染防治。海洋污染防治适用《中华人民共和国海洋环境保护法》。

3. 基本原则

《水污染防治法》第三条规定：水污染防治应当坚持预防为主、防治结合、综合治理的原则，优先保护饮用水水源，严格控制工业污染、城镇生活污染，防治农业面源污染，积极推进生态治理工程建设，预防、控制和减少水环境污染和生态破坏。

4. 主要制度

1）水污染防治责任制度

《水污染防治法》第四条规定：县级以上人民政府应当将水环境保护工作纳入国民经济和社会发展规划。县级以上地方人民政府应当采取防治水污染的对策和措施，对本行政区域的水环境质量负责。

《水污染防治法》规定，县级以上地方人民政府应当采取的防治水污染的主要对策和措施有：一是根据依法批准的江河、湖泊流域水污染防治规划，组织制定本行政区域的水污染防治规划；二是开发、利用和调节、调度水资源时，应当统筹兼顾，维持江河的合理流量和湖泊、水库以及地下水体的合理水位，维护水体的生态功能；三是按照本行政区域重点水污染物排放总量控制指标的要求，将重点水污染物排放总量控制指标分解落实到下级人民政府直至排污单位；四是合理规划工业布局，对造成水污染的企业进行技术改造，采取综合防治措施，提高水的重复利用率，减少废水和污染物排放量；五是通过财政预算和其他渠道筹集资金，统筹安排建设城镇污水集中处理设施及配套管网，提高本行政区域城镇污水的收集率和处理率；六是划定饮用水水源保护区并采取有针对性的具体措施对饮用水水源和其他特殊水体予以保护，等等。

2）目标责任制和考核评价制度

《水污染防治法》第五条规定：国家实行水环境保护目标责任制和考核评价制度，将水环境保护目标完成情况作为对地方人民政府及其负责人考核评价的内容。

《国务院关于落实科学发展观加强环境保护的决定》提出，要把环境保护纳入领导班子和领导干部考核的重要内容，并将考核情况作为干部选拔任用和奖惩的依据之一。《水污染防治法》以法律的形式明确规定，国家实行水环境保护目标责任制和考核评价制度，将水环境保护目标完成情况作为对地方人民政府及其负责人考核评价的内容，使这一制度成为法定制度。

3）水环境生态补偿制度

《水污染防治法》第七条规定：国家通过财政转移支付等方式，建立健全对位于饮用水水源保护区区域和江河、湖泊、水库上游地区的水环境生态保护补偿机制。

生态保护补偿,就是保护、弥补生态系统的消耗和损失,恢复生态平衡和生态功能。生态系统遭受消耗和损失后,可以通过两种方式得以补偿:一种是自我补偿,另一种是外部补偿。环境保护法中的生态保护补偿,就是建立生态系统的外部保护补偿机制,实际上是对在保护和恢复、重建生态系统,修复生态环境的整体功能,预防生态失衡和对环境污染进行综合治理中发生的经济补偿的总称。

4)排放标准和总量控制制度

《水污染防治法》第九条规定:排放水污染物,不得超过国家或者地方规定的水污染物排放标准和重点水污染物排放总量控制指标。

水污染物排放标准,是结合生产技术和污染控制技术所确定的技术可行、经济合理的标准限值。规定禁止超标排污,对我国环境保护法律制度的完善有着重要意义。具体而言,在没有地方水污染物排放标准的地方,向水体排放污染物的,不得超过国家水污染物排放标准;在有地方水污染物排放标准的地方,向水体排放污染物的,不得超过地方水污染物排放标准。超过水污染物排放标准排放污染物将构成违法,应当承担相应的法律责任。

重点水污染物排放总量控制制度是控制重点水污染物排放量的有效手段。为进一步加强对水污染物的源头削减和排放控制,新修订的《水污染防治法》取消了对实施重点水污染物总量控制制度的水体的范围。省(区、市)人民政府应当按照国务院的规定,削减和控制本行政区域的重点水污染物排放总量,并将重点水污染物排放总量控制指标分解落实到市、县人民政府。市、县人民政府根据本行政区域重点水污染物排放总量控制指标的要求,将重点水污染物排放总量控制指标分解落实到排污单位。对排放水污染物超过重点水污染物排放总量控制指标的,《水污染防治法》规定由县级以上人民政府环境保护主管部门按照权限责令限期治理,处应缴纳排污费数额二倍以上五倍以下的罚款。限期治理期间,由环境保护主管部门责令限制生产、限制排放或者停产整治。限期治理的期限最长不超过一年;逾期未完成治理任务的,报经有批准权的人民政府批准,责令关闭。上述规定体现了我国对水污染物排放的监管从浓度控制方式向浓度与总量控制相结合的方式的转变。

5. 管理体制

《水污染防治法》第八条明确了水污染防治的管理体制,即县级以上人民政府环境保护主管部门对水污染防治实施统一监督管理。交通主管部门的海事管理机构对船舶污染水域的防治实施监督管理。县级以上人民政府水行政、国土资源、卫生、建设、农业、渔业等部门以及重要江河、湖泊的流域水资源保护机构,在各自的职责范围内,对有关水污染防治实施监督管理。

这个管理体制包含三个含义:第一,环保部门负责水污染防治的统一监督管理;第二,对于船舶污染的防治由交通海事部门监督管理;第三,其他有关部门对水污染防治,在各自职责范围内实施监督管理。

6. 权利与义务

《水污染防治法》总则中的基本权利义务主要表述了三个方面的内容。

(1)国家的义务:①国家鼓励、支持水污染防治科学技术研究和先进适用技术推广应用，加强水环境保护的宣传教育（第六条）；②实行水环境保护目标责任制和考核评价制度，将水环境保护目标完成情况作为对地方人民政府及其负责人考核评价的内容（第五条）。

（2）政府的义务：①县级以上人民政府将水环境保护工作纳入国民经济和社会发展规划（第四条）；②县级以上人民政府及其有关主管部门对在水污染防治工作中作出显著成绩的单位和个人给予表彰和奖励（第十条）。此外，政府的义务还表现为前述管理体制的诸多内容，即各项管理和监督部门的职责，也应当算作政府义务的组成部分。

（3）公民的权利与义务：①任何单位和个人都有义务保护水环境；②有权对污染损害水环境的行为进行检举。在环境保护事务中，公民的权利与义务中，最重要的应当是公众参与权。

（二）关于水污染防治的标准和规划

关于水污染防治的标准和规划的规定，《水污染防治法》共六条，主要内容包括：制定水环境质量标准的规定；重要江河、湖泊流域的省界水体适用的水环境质量标准的规定；国家和地方水污染物排放标准制定的规定；水环境质量标准和水污染物排放标准修订的规定；水污染防治规划体系及其审批修改程序的规定；开发、利用和调节、调度水资源时应当统筹兼顾，维护水体的生态功能的规定等。

1. 水环境质量标准的制定

《水污染防治法》第十一条规定：国务院环境保护主管部门制定国家水环境质量标准。省、自治区、直辖市人民政府可以对国家水环境质量标准中未作规定的项目，制定地方标准，并报国务院环境保护主管部门备案。

2. 水污染防治规划体系及其审批修改程序

《水污染防治法》第十五条规定：防治水污染应当按流域或者按区域进行统一规划。国家确定的重要江河、湖泊的流域水污染防治规划，由国务院环境保护主管部门会同国务院经济综合宏观调控、水行政等部门和有关省、自治区、直辖市人民政府编制，报国务院批准。前款规定外的其他跨省、自治区、直辖市江河、湖泊的流域水污染防治规划，根据国家确定的重要江河、湖泊的流域水污染防治规划和本地实际情况，由有关省、自治区、直辖市人民政府环境保护主管部门会同同级水行政等部门和有关市、县人民政府编制，经有关省、自治区、直辖市人民政府审核，报国务院批准。省、自治区、直辖市内跨县江河、湖泊的流域水污染防治规划，根据国家确定的重要江河、湖泊的流域水污染防治规划和本地实际情况，由省、自治区、直辖市人民政府环境保护主管部门会同同级水行政等部门编制，报省、自治区、直辖市人民政府批准，并报国务院备案。经批准的水污染防治规划是防治水污染的基本依据，规划的修订须经原批准机关批准。县级以上地方人民政府应当根据依法批准的江河、湖泊的流域水污染防治规划，组织制定本行政区域的水污染防治规划。

（三）关于水污染防治的监督管理的规定

关于水污染防治的监督管理的规定，《水污染防治法》共12条，主要内容包括：建设项目环境影响评价和“三同时”制度的规定；重点水污染物排放实施总量控制制度的规定；环境保护主管部门对未按照要求完成重点水污染物排放总量控制指标的地方和严重污染水环境的企业予以公布的规定；排污许可制度的规定；排污申报登记制度的规定；设置排污口的规定；重点排污单位应当安装水污染物排放自动监测设备的规定；缴纳排污费的规定；水环境质量监测和水污染物排放监测制度的规定；监测重要江河、湖泊流域的省界水体的水环境质量的规定；监督管理部门对排污单位进行现场检查的规定；解决跨行政区域的水污染纠纷的规定等。

《水污染防治法》第十七条规定：新建、改建、扩建直接或者间接向水体排放污染物的建设项目和其他水上设施，应当依法进行环境影响评价。建设单位在江河、湖泊新建、改建、扩建排污口的，应当取得水行政主管部门或者流域管理机构同意；涉及通航、渔业水域的，环境保护主管部门在审批环境影响评价文件时，应当征求交通、渔业主管部门的意见。建设项目的水污染防治设施，应当与主体工程同时设计、同时施工、同时投入使用。水污染防治设施应当经过环境保护主管部门验收，验收不合格的，该建设项目不得投入生产或者使用。

（四）关于水污染防治措施的管理规定

关于水污染防治措施的管理规定，《水污染防治法》共分五节进行了表述，分别为一般规定、工业水污染防治、城镇水污染防治、农业和农村水污染防治、船舶水污染防治等。其中，一般规定包括禁止或限制向水体排放油类等废液、放射性固体废物和放射性废水、含热废水、含病原体的污水的规定，禁止违法堆放、存贮固体废弃物和其他污染物，禁止利用渗井等排放、倾倒水污染物的规定，禁止利用无防渗漏措施的沟渠、坑塘输送或存贮有毒污染物的规定，地下水开采中保护水质的规定，进行地下作业防止污染地下水的规定，防止人工回灌补给污染地下水的规定。

（五）关于饮用水源及其他水体保护

《水污染防治法》第五十六条到第六十五条是对饮用水水源及其他水体保护的规定，其主要内容包括饮用水水源保护区制度、划定程序及设立标志的规定；禁止在饮用水水源保护区内设置排污口的规定；关于饮用水水源保护区管理的规定；在准保护区内采取生态保护措施，以防止污染饮用水的规定；防止饮用水水源受到污染，威胁供水安全应采取的措施的规定；省级以上人民政府可以在饮用水水源保护区采取特殊保护措施的规定；县级以上人民政府应对特殊水体划定保护区加以保护的规定；不得在特殊保护水体新建排污口的规定等。

（六）关于水污染事故处置

《水污染防治法》中对于水污染事故的处置共有3条规定：

第六十六条：各级人民政府及其有关部门，可能发生水污染事故的企业事业单位，应当依照《中华人民共和国突发事件应对法》的规定，做好突发水污染事故的应急准备、应急处置和事后恢复等工作。

第六十七条：可能发生水污染事故的企业事业单位，应当制订有关水污染事故的应急方案，做好应急准备，并定期进行演练。

生产、储存危险化学品的企业事业单位，应当采取措施，防止在处理安全生产事故过程中产生的可能严重污染水体的消防废水、废液直接排入水体。

第六十八条：企业事业单位发生事故或者其他突发性事件，造成或者可能造成水污染事故的，应当立即启动本单位的应急方案，采取应急措施，并向事故发生地的县级以上地方人民政府或者环境保护主管部门报告。环境保护主管部门接到报告后，应当及时向本级人民政府报告，并抄送有关部门。

造成渔业污染事故或者渔业船舶造成水污染事故的，应当向事故发生地的渔业主管部门报告，接受调查处理。其他船舶造成水污染事故的，应当向事故发生地的海事管理机构报告，接受调查处理；给渔业造成损害的，海事管理机构应当通知渔业主管部门参与调查处理。

（七）法律责任

《水污染防治法》从提高罚款额度、创设处罚方式、扩大处罚对象、增加应受处罚的行为种类、调整处罚权限、增加强制执行权等 10 个方面，加大了水污染违法行为的处罚力度，增强了对违法行为的震慑力。其中，针对私设暗管行为的处罚、针对违法企业直接责任者个人收入的经济处罚、限期治理、强制拆除等法律责任都给予了明确规定。本章共 22 条，分别就违法行为的种类及相应的处罚措施、处罚幅度等内容作了规定。

（八）附则

《水污染防治法》中“附则”一章共 2 条，主要内容包括《水污染防治法》中一些定义的规定及对新法律生效日期的规定等。

我国现行《水污染防治法》在重重水危机的背景下出台，历经三次审核，是集社会各界人士和广大人民群众智慧所成之作，其内容大幅增加，体系重新构建，制度有所创新，法律责任得以扩充，执法力度得以强化，可称其为新时代的《水污染防治法》，但是由于其制定目的是遏制频繁发生的水污染事故，所以本法的应对痕迹较强，着力点在于解决近一段时间之内的水污染问题。

第五章　水土流失及其防治

第一节　土壤侵蚀基本概念

一、水土流失与土壤侵蚀

（一）水土流失概念

《中国大百科全书·水利卷》中水土流失的定义是：在水力、重力、风力等外营力作用下，水土资源和土地生产力的破坏与损失，包括土地表层侵蚀及水土损失，亦称水土损失。土地表层侵蚀指在水力、风力、冻融、重力以及其他外营力作用下，土壤、土壤母质及岩屑、松散岩层被破坏、剥蚀、转运和沉积的过程。

土壤侵蚀是地球表面的一种自然现象，全球除永冻地区外，均发生不同程度的土壤侵蚀。人类社会出现后，土壤侵蚀成为自然和人为活动共同作用下的一种动态过程，构成了特殊的环境背景，并已成为当今世界资源和环境问题的重点。土壤侵蚀的内涵随着科学研究的深入与发展得到不断的完善和丰富。

土壤侵蚀是水力、风力、重力及人为活动的综合作用对土壤、地面组成物质的侵蚀破坏、分散、搬运和沉积的过程。

（二）土壤侵蚀与水土流失

水土流失通常是指水力作用下造成水土资源的损耗，着重反映侵蚀的后果，主要指水与土的流失量。中国的土壤侵蚀问题与河流水系的治理密切相关，侵蚀地水土的流失与输移直接影响沟道、河流泥沙的变化及江河、湖泊和水库运行的安全。首先是治理黄河问题，引起了对水土流失的重视。1935 年，中国著名的水利学家李仪祉在他拟定的《黄河治本计划概要叙目》中指出，“黄河下游的泥沙，主要来自上中游的水土流失，治黄要上中下游并重”，并提出了造林种草、修梯田、开沟洫等保持水土的措施。水土流失直接关系到河流泥沙的来源和大江大河的治理，故水土流失的名词出现较早。水土流失又与水土保持对应，故应用较普遍，某种程度上已把水土流失作为土壤侵蚀的同义词。但根据科学名词严格规范要求，水土流失应指水力侵蚀作用下，水与土从原地的搬运和流失，着重侵蚀的后果，不能涵盖侵蚀类型、侵蚀过程、侵蚀与资源环境演变的关系等。例如，20 世纪 80 年代后期进行的全国土壤侵蚀调查，包括了水蚀、风蚀和冻融侵蚀等不同侵蚀类型的分布、侵蚀强度和潜在危险度的定性、定量评价等，如果以水土流失调查一词代替土壤侵蚀调查，则不能充分表达上述的研究范畴。因此，有必要区分土壤侵蚀与水土流失，前者含义较广泛，后者多用以评价土壤侵蚀后水与土的流失和损耗。

二、土壤侵蚀相关术语

（一）土壤侵蚀的基本营力

土壤侵蚀是陆地表面演变的一种自然现象，陆地表面的组成物质和地表形态处在不断变化发展之中。改变地表起伏状态，促使土壤侵蚀发生发展的基本力量是内营力和外营力。在内、外营力的相互作用、相互影响、相互制约下，形成了高山、丘陵、高原、平原、盆地、湖泊、河流等，奠定了地形的轮廓，并决定着土壤侵蚀的形成、发生和发展过程。

1. 内营力作用

内营力作用是由地球内部能量所引起的，它的主要表现是地壳运动、岩浆活动和地震等。

1）地壳运动

地壳运动使地壳发生变形和变位，改变地壳构造形态，因此又称为构造运动。根据地壳运动的方向，可分为垂直运动和水平运动。垂直运动又叫升降运动或振荡运动。运动方向垂直于地表，这种运动表现为地壳大范围的缓慢抬高和沉降，造成地表的巨大起伏。水平运动又叫板块运动。运动方向平行于地表，即沿地球切线方向运动，这种运动形成巨大、复杂的褶皱构造、断裂构造等，造成地表的剧烈起伏。

2）岩浆活动

岩浆活动是地球内部的物质运动（又称地幔物质运动）。地球内部的熔融物质在压力、温度改变的条件下，沿地壳裂隙或脆弱带侵入或喷出。岩浆侵入地壳形成各种侵入体，喷出地表则形成火山，改变原来形态，造成新的起伏。

3）地震

地幔物质的对流作用使地壳及上地幔的岩层遭受破坏，把所积蓄的应变能转化为波动能，引起地表剧烈震动，称为地震。地震往往会形成地层断裂，可重新塑造形成新的地貌。

2. 外营力作用

外营力作用的主要能源来自于太阳能，它的作用形式很多，如流水、地下水、冰川、风沙等。外营力作用总的趋势是通过风化、剥蚀、搬运和沉积对地形进行再塑造。

1）风化

风化作用就是指暴露在地面的岩石、矿物在各种因素的作用下，形状、结构、成分等发生改变的现象。风化主要分为物理风化和化学风化。

2）剥蚀

剥蚀是指岩石在外营力作用下，外层和内部发生脱离，一层层的岩屑从岩体上剥离。

3）搬运

搬运是指风化、剥蚀的松散物质在各种外营力作用下，由原来的地方搬运到其他地方的过程。根据外营力作用的性质不同，可分为流水搬运、冰川搬运、风力搬运等。

4）沉积

被搬运的物质经过一段时间的搬运之后，到了一定的环境之中，因搬运能力减小不能负荷而堆积下来的过程称为沉积。

内营力形成地表的起伏，外营力则对地表进行夷平。内营力产生隆起和沉降，外营力则将隆起的部分剥蚀、搬运到地势低洼的地方堆积。内营力与外营力相互作用、相互影响的过程，实际上就是地表形态与土壤侵蚀发生、发展和演化的过程。

（二）土壤侵蚀类型与形式

根据土壤侵蚀研究及其防治的侧重点不同，土壤侵蚀类型的划分方法也不相同。常用的方法主要有以下3种，即按土壤侵蚀发生的速率、按土壤侵蚀发生的时间和按引起土壤侵蚀的外营力种类划分土壤侵蚀类型。

1. 按土壤侵蚀发生的速率划分

按土壤侵蚀发生的速率大小和是否对土地资源造成破坏，将土壤侵蚀划分为正常侵蚀和加速侵蚀。

土壤侵蚀是动态地、永恒地发生着的。在没有人类活动干预的自然状态下，纯粹由自然因素引起的地表侵蚀过程，其土壤侵蚀速率小于或等于土壤形成速率，称之为正常侵蚀，也叫自然侵蚀。这种侵蚀不易被人们察觉，实际上也不会对土地资源造成危害。

自然侵蚀（natural erosion）是指地质时期所发生的侵蚀，又称地质侵蚀或常态侵蚀，它的发生发展完全取决于自然环境因素的变化，例如地质构造运动、地震、冰川及生物、气候变化等。

随着人类的出现，人类活动逐渐破坏了陆地表面的自然状态，如陡坡开荒、乱砍滥伐、过度放牧等，加快和扩大了某些自然因素的作用，引起地表土壤破坏和移动，使土壤侵蚀速率大于土壤形成速率，导致土壤肥力下降、理化性质恶化，甚至使土壤遭到严重破坏，这种侵蚀过程称为加速侵蚀（accelerated erosion）。

一般情况下所指的土壤侵蚀，就是指由于人类活动影响所造成的加速侵蚀。防治土壤侵蚀，进行水土保持，也就是指防治加速侵蚀。

2. 按土壤侵蚀发生的时间划分

以人类在地球上出现的时间为分界点，将土壤侵蚀分为古代侵蚀和现代侵蚀。

古代侵蚀（ancient erosion）是指人类出现以前的历史时期内，在构造运动和海陆变迁所造成的地形基础上进行的一种侵蚀。古代侵蚀的结果，形成了当今的侵蚀地貌，是当代人类赖以生存的基础；而现代侵蚀是在古代侵蚀的基础上进行的。古代侵蚀的实质就是地质侵蚀。

现代侵蚀（modern erosion）是指人类出现以后，受人类生产活动影响而产生的土壤侵蚀现象。人类出现以后开始是刀耕火种，逐渐开发和利用自然资源，伴随而来的是地面植被的大量破坏，土壤侵蚀的规模和速率逐渐增加，从而又影响和限制着人们的生产经济活动。这种作用往往在一年或几天时间之内，就会侵蚀掉在自然状态下千百年才能形成的土壤层，因而给生产带来严重恶果，所以这种现代侵蚀又称为现代加速侵蚀。

中国有着五千年的文明史和悠久的耕垦历史，绝大部分地区的自然植被均遭到严重破坏，由此而发生的侵蚀，显然是人为加速侵蚀占主导地位。人为加速侵蚀不仅导致侵蚀量增多，并且使区域性、地带性景观发生根本性的变化。例如，我国南方亚热带的森林地区，由于滥垦、滥伐，不仅森林消失，而且因加速侵蚀导致的土层全部流失，基岩出露，境内出现了与生物气候带极不相称的石漠化景观。黄土高原北部干旱与半干旱地区,因滥垦、滥牧,致使土地沙漠化扩展,由典型的草原地带发展为荒漠化草原,甚至形成不可逆转的沙漠化景观。

3.按引起土壤侵蚀的外营力种类划分

国内外关于土壤侵蚀的分类多以导致土壤侵蚀的主要外营力为依据进行分类。

一种土壤侵蚀类型的发生往往主要是由一种或两种外营力导致的,因此这种分类方法就是依据引起土壤侵蚀的外营力种类划分出不同的土壤侵蚀类型。按导致土壤侵蚀的外营力种类进行土壤侵蚀类型的划分,是土壤侵蚀研究和土壤侵蚀防治等工作中最常用的一种方法。

在我国引起土壤侵蚀的外营力主要有水力、风力、重力、水力和重力的综合作用力、温度作用力(由冻融作用而产生的作用力)、冰川作用力、化学作用力等,因此土壤侵蚀类型就有水力侵蚀、风力侵蚀、重力侵蚀、混合侵蚀、冻融侵蚀、冰川侵蚀和化学侵蚀等。

1)水力侵蚀

水力侵蚀(water erosion)是土壤及其母质或其他地面组成物质在降雨、径流等水体作用下,发生破坏、剥蚀、搬运和沉积的过程,包括面蚀、沟蚀等。水力侵蚀是目前世界上分布最广、危害也最普遍的一种土壤侵蚀类型。在陆地表面,除沙漠和永冻的极地地区外,当地表失去覆盖物时,都有可能发生不同程度的水力侵蚀。

常见的水力侵蚀形式主要有雨滴击溅侵蚀、面蚀、沟蚀、山洪侵蚀、库岸波浪侵蚀和海岸波浪侵蚀等。

雨滴击溅侵蚀是指裸露的坡地受到雨滴的击溅而引起的土壤侵蚀现象,简称溅蚀。溅蚀是整个降雨过程中最普遍的现象,凡裸露的地表受到较大雨滴的打击,表层土壤结构遭到破坏,土粒随雨滴溅散。溅蚀除移走土粒外,对地表土壤物理性状也有破坏作用,使土壤表层形成泥浆薄膜,堵塞土壤孔隙,阻止雨水下渗,为产生坡面径流创造了条件。

面蚀是指由于分散的地表径流冲走坡面表层土粒的一种侵蚀现象,它是土壤侵蚀中最常见的一种侵蚀形式。凡是裸露的坡地表面,都有不同程度的面蚀存在。由于面蚀涉及面积大,侵蚀的又都是肥沃的表土层,所以对农业生产的危害很大。面蚀因地形地质条件、土地利用状况及侵蚀力对土壤侵蚀的方式不同,又可分为层状面蚀、沙砾化面蚀、鳞片状面蚀和细沟状面蚀4种。面蚀一旦发生,虽然不易引起人们的注意,但已经影响到土壤肥力状况和土壤结构的形成。面蚀的发生是长期不合理利用土地的结果。只要合理利用土地,增加植被的覆盖度,完全可以消除面蚀。如果面蚀不加以治理,就会发展成为沟蚀。

一旦面蚀未被控制,由面蚀产生的细沟使地表径流汇流集中,或因地形条件有利于其进一步发展,这些细沟就会向长、向宽、向深发展,直至不能被一般耕作所平复,于是就由面蚀发展成为沟蚀。沟蚀是指集中的地表径流冲刷土壤及其母质,切入地表以下形成沟壑的侵蚀过程。由沟蚀形成的沟壑称为侵蚀沟。沟蚀是水力侵蚀类型中常见的侵蚀形式之一。虽然沟蚀所涉及的面积不如面蚀范围广,但它对土地的破坏程度远比面蚀严重,因为一旦形成侵蚀沟,土地即遭到彻底破坏,而且由于侵蚀沟的不断扩展,曾经连片的土地被切割得支离破碎。根据侵蚀沟发展程度及外在表现形态，将沟蚀分为浅沟侵蚀、切沟侵蚀、冲沟侵蚀和河沟侵蚀。

山洪侵蚀是指山区河流洪水对沟道堤岸的冲淘、对河床的冲刷或淤积过程。由于山洪具有流速高、冲刷力大和暴涨暴落的特点，因而破坏力大，并能搬运和沉积泥沙石块。山洪侵蚀改变河道形态，冲毁建筑物和交通设施，淹埋农田和居民点，可造成严重危害。

2）风力侵蚀

风力侵蚀（wind erosion）指风力作用于地面，引起地表土粒、沙粒飞扬、跳跃、滚动和堆积，并导致土壤中细粒损失的过程。风力侵蚀简称为风蚀。气流中的含沙量随风力的大小而改变，风力越大，气流含沙量越高，当气流中的含沙量过饱和或风速降低时，土粒或沙粒与气流分离而沉降，堆积成沙丘或沙垄。在风力侵蚀中，土壤颗粒和沙粒脱离地表、被气流搬运、沉积3个过程相互影响穿插进行。

3）重力侵蚀

重力侵蚀（gravitational erosion）是指土壤及其母质或基岩主要在重力作用下，发生位移和堆积的过程，主要包括崩塌、泻溜、滑坡等形式。其是坡面表层土石物质及中浅层基岩，由于本身所受的重力作用（很多情况还受下渗水分、地下潜水或地下径流的影响），失去平衡，发生位移和堆积的现象。重力侵蚀的发生多在 >25°的山地和丘陵，在沟坡和河谷较陡的岸边也常发生重力侵蚀，由人工开挖坡脚形成的临空面、修建渠道和道路形成的陡坡也是重力侵蚀多发地段。

严格地讲，纯粹由重力作用引起的侵蚀现象是不多的，重力侵蚀的发生是与其他外营力参与有密切关系的，特别是在水力侵蚀及下渗水的共同作用下，以重力为其直接原因导致了地表物质移动。根据土石物质破坏的特征和移动方式，一般地可将重力侵蚀分为陷穴、泻溜、滑坡、崩塌、地爬、崩岗、岩层蠕动、山剥皮等。

4）混合侵蚀

混合侵蚀（mixed erosion）是指在两种或两种以上侵蚀营力共同作用下形成的一种侵蚀类型，如崩岗、泥石流等。

华南广大风化壳坡地上发育着各种形状的深切山坡崩陷凹地形，其冲沟沟头部分经不断的崩塌和陷蚀作用而形成一种围椅状侵蚀地貌。在国外，此类地形称陡脊、壁龛、崩坡、围椅状崩坡等。在国内，特别是华南地区，则称之为崩岗。“崩岗”的命名具有发生学和形态学方面的双重意义，“崩”是指以崩塌作用为主要侵蚀方式，“岗”则指经常发生这种类型侵蚀的原始地貌类型。崩岗侵蚀作为一种严重的水土流失类型，在我国南方地区，特别是风化壳深厚的花岗岩低山丘陵区分布十分普遍。

泥石流是一种含有大量土沙石块等固体物质的特殊洪流，它既不同于一般的暴雨径流，又是在一定的暴雨条件下（或是有大量融雪水、融冰水条件下），受重力和流水冲力的综合作用而形成的。泥石流在其流动过程中，由于崩塌、滑坡等重力侵蚀形式的发生，得到大量松散固体物质补给，还经过冲击、磨蚀沟床而增加补充固体物质，它爆发突然，来势凶猛，历时短暂，具有强大的破坏力。2010 年 8 月 7 日，甘南藏族自治州舟曲县突降强降雨，县城北面的罗家峪、三眼峪泥石流下泄，由北向南冲向县城，造成沿河房屋被冲毁，泥石流阻断白龙江，形成堰塞湖，舟曲“8 · 8”特大泥石流灾害造成遇难人数 1 434 人，失踪 331 人。

5）冻融侵蚀

当温度在 0 ℃上下变化时，岩石孔隙或裂缝中的水在冻结成冰时，体积膨胀（增大 9%左右），对岩石裂缝壁产生很大的压力，使裂缝加宽加深；当冰融化时，水沿扩大了的裂缝更深地渗入岩体的内部，同时水量也可能增加，这样冻结、融化频繁进行，不断使裂缝加深扩大，以致岩体崩裂成岩屑。土体和岩石因反复冻融作用而发生破碎、位移的过程被称为冻融侵蚀（freeze - thaw erosion），也称冰劈作用。在冻融侵蚀过程中，水可溶解岩石中的矿物质，同时会出现化学侵蚀。

6）冰川侵蚀

由冰川运动对地表土石体造成机械破坏作用的一系列现象，称为冰川侵蚀（glacier erosion）。高山高原雪线以上的积雪，经过外力作用，转化为有层次的厚达数十米至数百米的冰川冰。而后冰川冰沿着冰床作缓慢塑性流动和块体滑动，冰川及其底部所含的岩石碎块不断挫磨冰床。同时在冰川下因节理发育而松动的岩块突出部分有可能和冰川冻结在一起，冰川移动时将岩块拔出带走。冰川侵蚀活跃于现代冰川地区，我国主要发生在青藏高原和高山雪线以上。

7）化学侵蚀

土壤中的多种营养物质在下渗水分作用下发生化学变化和溶解损失，导致土壤肥力降低的过程称为化学侵蚀（chemical erosion）。进入土壤中的降水或灌溉水分，当达到饱和以后受重力作用沿土壤孔隙向下层运动，使土壤中的易溶性养分和盐类发生化学作用，有时还伴随着分散悬浮于土壤水分中的土壤黏粒、有机和无机胶体（包括它们吸附的磷酸盐和其他离子）沿土壤孔隙向下运动等，这些作用均能引起土壤养分的损失和土壤理化性质恶化，导致土壤肥力下降。在酸性条件下碳酸岩类在地表径流作用下的溶蚀也属于化学侵蚀类的一种。

（三）土壤流失量与土壤侵蚀潜在危险度

1. 土壤侵蚀量与土壤流失量

土壤侵蚀量（amount of soil erosion）是指土壤侵蚀作用的数量结果，是土壤及其母质在侵蚀营力作用下，从地表处被击溅、剥蚀或崩落并产生位移的数量，通常以 t 或 m^3 表示。单位时间单位面积内产生的土壤侵蚀量，称为土壤侵蚀速率（或速度），或称为土壤侵蚀模数，其单位为 $t/(km^2 \cdot a)$。

通过流域出口观测断面的泥沙量及其上游工程拦蓄和沟道、河床及湖泊等沉积的泥沙量的总和称为流域产沙量（watershed sediment yield），通常以 t 表示。通过流域出口断面的泥沙总量称为流域输沙量（amount of sediment delivery），以 t 表示。

土壤侵蚀和土壤流失是两个不同的概念，关于土壤侵蚀前面已经作了比较多的阐述。土壤流失（soil loss）所指的是侵蚀（主要是水蚀作用）造成的土壤流失。土壤流失量（amount of soil loss）即为土壤及其母质在侵蚀营力作用下，产生位移并通过某一观察断面的泥沙数量，以 t 或 m^3 表示。

2. 容许土壤流失量

根据保持土壤资源及其生产能力而确定的年土壤流失量上限，通常小于或等于成土速率。对于坡耕地，维持土壤肥力，保持作物在长时期内能经济、持续、稳定地获得高产所容许的年最大土壤流失量称为容许土壤流失量(soil loss tolerance)，简称 T 值，其单位同土壤侵蚀模数，为 t/(km² · a)。

成土过程是一个长期而缓慢的过程，难以直接量测。美国学者贝纳特根据成壤绝对年龄进行了推算。在无破坏的自然条件下，300 ~ 1 000 年可形成 2.5 cm 的土壤层，按土壤干密度 1.35 g/cm³ 计算，如维持侵蚀速率与成土速率相平衡，相当于每年流失土壤 33.75 ~ 112.5 t/km²。在人为耕作条件下，同时推算得出，约 30 年可形成同样厚度的土层，维持侵蚀速率与成土速率平衡情况下，相当于年流失 1 125 t/km² 的土壤。侵蚀程度愈严重的土壤，愈接近母岩的土壤，被确定的 T 值愈低；对尚保留深厚土层的土壤，确定的 T 值相对较高。基于我国地域辽阔，自然条件复杂多样，各地区成土速率不同，在各侵蚀类型区采用不同的容许土壤流失量，详见表 5-1。

表 5-1 各侵蚀类型区容许土壤流失量 (单位：t/(km² · a))

类型区	容许土壤流失量	类型区	容许土壤流失量
西北黄土高原区	1 000	南方红壤丘陵区	500
东北黑土区	200	西南土石山区	500
北方土石山区	200		

3. 土壤侵蚀潜在危险度

地面自然生态平衡失调后可能出现的土壤侵蚀危险程度，称为土壤侵蚀潜在危险度(degree of soil erosion potential danger)。从狭义来理解，主要指有效土层厚度被完全侵蚀掉所需时间，其危险程度的分级即以侵蚀地区有效厚度(mm)除以年侵蚀深度(mm/a)，得出抗侵蚀的年限来表征。有效土层愈浅薄，抗侵蚀年限愈短暂，土壤侵蚀潜在危险度则愈大。

土壤侵蚀潜在危险度与容许土壤流失量两者相关性较密切。有效土层深厚地区，T 值则较高，土壤侵蚀潜在危险度相对较低。确定土壤侵蚀潜在危险度不仅为了当前治理及制订长期治理规划的需要，更重要的是为了预防土壤侵蚀的发生发展。

(四)土壤侵蚀强度与土壤侵蚀程度

1. 土壤侵蚀强度

以单位面积和单位时段内发生的土壤侵蚀量为指标划分的土壤侵蚀等级被称为土壤侵蚀强度(soil erosion intensity)。土壤侵蚀强度所指的是某种土壤侵蚀形式在特定外营力种类作用和其所处环境条件不变的情况下，该种土壤侵蚀形式发生发展可能性的大小。常用单位面积上在一定时间内土壤及土壤母质被侵蚀的质量来表示，单位是 t/(km² · a)。土壤侵蚀强度根据土壤侵蚀的实际情况，按轻微、中度、强烈等分为不同级别。

1)水力侵蚀强度分级标准

水力侵蚀强度分级标准见表 5-2。

表 5-2 水力侵蚀强度分级

级别	平均侵蚀模数(t/(km² · a))	平均流失厚度(mm/a)
微度	<200, <500, <1 000	<0.15, <0.37, <0.74
轻度	200,500,1 000 ~ 2 500	0.15,0.37,0.74 ~ 1.9
中度	2 500 ~ 5 000	1.9 ~ 3.7
强烈	5 000 ~ 8 000	3.7 ~ 5.9
极强烈	8 000 ~ 15 000	5.9 ~ 11.1
剧烈	>15 000	>11.1

注:本表流失厚度系按土的干密度 1.35 g/cm³ 折算,各地可按当地土壤干密度计算。

其中,面蚀(片蚀)、沟蚀分级指标还应符合表 5-3、表 5-4 的规定。

表 5-3 面蚀(片蚀)分级指标

地类		坡度(°)				
		5 ~ 8	8 ~ 15	15 ~ 25	25 ~ 35	>35
非耕地林草盖度(%)	60 ~ 75	轻度	轻度	轻度	中度	中度
	45 ~ 60	轻度	轻度	中度	中度	强烈
	30 ~ 45	轻度	中度	中度	强烈	极强烈
	<30	中度	中度	强烈	极强烈	剧烈
坡耕地		轻度	中度	强烈	极强烈	剧烈

表 5-4 沟蚀分级指标

沟谷占坡面面积比(%)	<10	10 ~ 25	25 ~ 35	35 ~ 50	>50
沟壑密度(km/km²)	1 ~ 2	2 ~ 3	3 ~ 5	5 ~ 7	>7
强度分级	轻度	中度	强烈	极强烈	剧烈

2)重力侵蚀强度分级指标

重力侵蚀强度分级指标见表 5-5。

表 5-5 重力侵蚀强度分级指标

崩塌面积占坡面面积比(%)	<10	10 ~ 15	15 ~ 20	20 ~ 30	>30
强度分级	轻度	中度	强烈	极强烈	剧烈

3)风力侵蚀强度分级指标

日平均风速不小于 5 m/s、全年累计 30 d 以上,且多年平均降水量小于 300 mm(但南方及沿海风蚀区,如江西鄱阳湖滨湖地区、滨海地区、福建、山东等,则不在此限值之内)的沙质土壤地区,应定为风力侵蚀区。在该区划分风力侵蚀强度分级时应符合表 5-6 的规定。

表 5-6　风力侵蚀强度分级

级别	床面形态(地表形态)	植被覆盖度(%)(非流沙面积)	风蚀厚度(mm/a)	侵蚀模数(t/(km^2·a))
微度	固定沙丘、沙地和滩地	>70	<2	<200
轻度	固定沙丘、半固定沙丘、沙地	70~50	2~10	200~2 500
中度	半固定沙丘、沙地	50~30	10~25	2 500~5 000
强烈	半固定沙丘、流动沙丘、沙地	30~10	25~50	5 000~8 000
极强烈	流动沙丘、沙地	<10	50~100	8 000~15 000
剧烈	大片流动沙丘	<10	>100	>15 000

4)泥石流侵蚀强度分级指标

黏性泥石流、稀性泥石流、泥流侵蚀的强度分级,应以单位面积年平均冲出量为判别指标,见表 5-7。

表 5-7　泥石流侵蚀强度分级

级别	每年每平方千米冲出量(万 m^3)	固体物质补给形式	固体物质补给量(万 m^3/km^2)	沉积特征	泥石流浆体密度(t/m^3)
轻度	<1	由浅层滑坡或零星坍塌补给;由河床质补给时,粗化层不明显	<20	沉积物颗粒较细,沉积表面较平坦,很少有大于 10 cm 以上颗粒	1.3~1.6
中度	1~2	由浅层滑坡及中小型坍塌补给,一般阻碍水流,或由大量河床补给,河床有粗化层	20~50	沉积物细颗粒较少,颗粒间较松散,有岗状筛滤堆积形态,颗粒较粗,多大漂砾	1.6~1.8
强烈	2~5	由深层滑坡或大型坍塌补给,沟道中出现半堵塞	50~100	有舌状堆积形态,一般厚度在 200 m 以下,巨大颗粒较少,表面较为平坦	1.8~2.1
极强烈	>5	以深层滑坡和大型集中坍塌为主,沟道中出现全部堵塞情况	>100	由垄岗、舌状等黏性泥石流堆积形成,大漂石较多,常形成侧堤	2.1~2.2

2. 土壤侵蚀程度

反映土壤侵蚀过程中发展阶段的差异，称为侵蚀程度，从定量和定性两方面进行评定。通常以土壤侵蚀模数作为定量指标；定性指标多以未侵蚀的土壤剖面作比较，以土壤剖面各发生层被侵蚀的程度来表示。例如，土壤剖面的 A 层被侵蚀，其侵蚀程度为轻度至中度；B 层被侵蚀，其侵蚀程度为中度至强度；待土壤母质层出露地表，其侵蚀程度已达极限，为极强度至剧烈侵蚀。但侵蚀强度并不完全随侵蚀程度增强而递增。

当侵蚀程度达极限，地表出露基岩和风化壳情况下，地表物质的抗冲性可能强于原土壤层，侵蚀强度可能属轻度或中度，其整治对策已不能仅限于水与土再流失的保持措施，而应着重于土地整治。此外，毁林毁草后新开垦的土地，其侵蚀强度与原有的林地、草地比较，侵蚀量剧增，发生数量级的变化，但其侵蚀程度尚处于初期阶段，其整治对策应是立即控制水土流失，制止因侵蚀造成土壤质量的继续恶化。

以土壤原生剖面被侵蚀的状态为指标划分的土壤侵蚀等级称为土壤侵蚀程度（soil erosion degree），是指任何一种土壤侵蚀形式在特定外营力种类作用和一定环境条件影响下，自其发生开始，截至目前的发展状况。在土壤侵蚀发生发展过程中，土壤侵蚀不仅受到外营力种类、外营力作用方式等的影响，还受到地质、土壤、地形、植被等条件和人为活动的影响，因此土壤侵蚀表现形式可明显地产生较大差异。就其一种土壤侵蚀形式而言，在不同条件下，其发展过程和所发生的阶段也不一样。

从地面垂直向下至母质的土壤纵截面称为土壤剖面（见图 5-1）。一般都表现出一定程度的水平层状构造，在野外以其颜色、质地、结构及松紧度、新生体等进行区分。层状结构为其最重要的特征，是土壤形成及其物质迁移、转化和累积的表现。一般划分 3 个最基本层次：①表土层（A 层），为有机质积聚层和物质淋溶层；②心土层（B 层），为淋溶物质淀积层；③底土层（C 层），又称母质层。

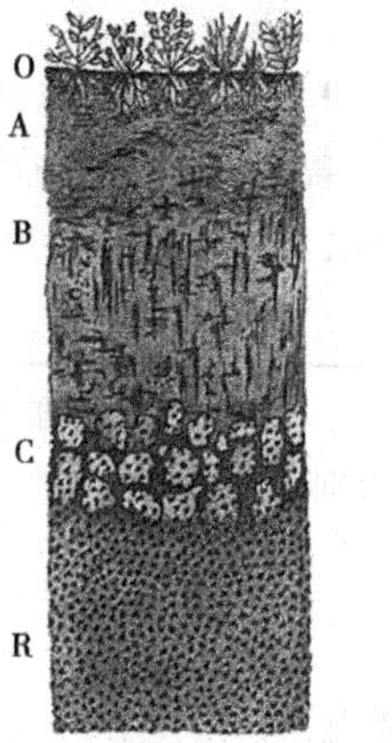

图 5-1　土壤剖面示意图

（1）按土壤发生层的侵蚀程度分级。有明显土壤发生层的侵蚀程度分级标准见表 5-8。

表 5-8　按土壤发生层的侵蚀程度分级

级别	指标
无明显侵蚀	A、B、C 三层剖面保持完整
轻度侵蚀	A 层保留厚度大于 1/2，B、C 层完整
中度侵蚀	A 层保留厚度大于 1/3，B、C 层完整
强烈侵蚀	A 层无保留，B 层开始裸露，受到剥蚀
剧烈侵蚀	A、B 层全部剥蚀，C 层出露，受到剥蚀

（2）按活土层的侵蚀程度分级。按活土层残存情况，侵蚀程度分级标准应按表 5-9 执

行。当侵蚀土壤为由母质甚至母岩直接风化发育的新成土(无法划分A层、B层)且缺乏完整的土壤发生层剖面进行对比时,可按表5-9进行侵蚀程度分级。

表5-9　按活土层的侵蚀程度分级

级别	指标	级别	指标
无明显侵蚀	活土层完整	强烈侵蚀	活土层全部被蚀
轻度侵蚀	活土层小部分被蚀	剧烈侵蚀	母质层部分被蚀
中度侵蚀	活土层厚度50%以上被蚀		

第二节　中国土壤侵蚀概况

一、土壤侵蚀现状

根据《中华人民共和国水土保持法》的规定,2010年在第一次全国水利普查中同步开展了我国水土保持情况普查,这也是全国第四次土壤侵蚀普查。经过3年的普查工作,查清了全国水土流失状况和水土保持措施保存等情况。

(一)中国土壤侵蚀分布、面积与强度

土壤侵蚀总面积为294.91万km^2,占普查范围总面积的31.12%,其中水力侵蚀129.32万km^2、风力侵蚀165.59万km^2。

(1)在水力侵蚀面积中,轻度、中度、强烈、极强烈和剧烈侵蚀的面积分别为66.76万km^2、35.14万km^2、16.87万km^2、7.63万km^2和2.92万km^2,所占比例分别为51.62%、27.18%、13.04%、5.90%和2.26%。山西、重庆、陕西、贵州、辽宁、云南和宁夏等7个省(区、市)的侵蚀面积超过辖区面积的25%。

(2)在风力侵蚀面积中,轻度、中度、强烈、极强烈和剧烈侵蚀的面积分别为71.60万km^2、21.74万km^2、21.82万km^2、22.04万km^2、28.39万km^2,所占比例分别为43.24%、13.13%、13.17%、13.31%和17.15%。新疆、内蒙古、青海和甘肃等4省(区)的风力侵蚀面积较大,占风力侵蚀总面积的比例分别为48.18%、31.80%、7.60%和7.55%。

(二)侵蚀沟道的数量、面积与分布

在西北黄土高原区的高塬沟壑区、丘陵沟壑区,共有侵蚀沟道66.6719万条,总长度为56.33万km,总面积为1872.15万hm^2。其中,甘肃省侵蚀沟道数量最多,占区域侵蚀沟道总数量的40.26%;其次为陕西,占21.13%。侵蚀沟道面积分布规律与数量分布规律基本一致,甘肃省和陕西省的面积较大,侵蚀沟道面积占区域侵蚀沟道总面积的比例分别达到28.90%和23.95%。

在东北黑土区,共有侵蚀沟道29.5663万条,总长度为19.55万km,总面积36.48万hm^2。其中,发展沟26.2177万条,占88.7%,面积30.36万hm^2,占83.2%;稳定沟3.3486万条,占11.3%,面积6.12万hm^2,占16.8%。黑龙江省侵蚀沟道的数量最多,占区域侵蚀沟道总数量的39.08%；内蒙古自治区侵蚀沟道的面积最大，占区域侵蚀沟道总面积的58.85%。

（三）全国水土保持措施面积、数量和分布

1. 水土保持措施面积

水土保持措施总面积为99.16万km^2，包含工程措施20.03万km^2（其中梯田17.01万km^2），植物措施77.85万km^2，其他措施1.28万km^2。全国的水土保持措施主要分布在河北、山西、内蒙古、辽宁、江西、湖北、四川、贵州、云南、陕西、甘肃等11个省（区），占全国水土保持措施面积的67.91%，每个省份的水土保持措施面积均大于4万km^2，其中内蒙古、四川、云南、陕西和甘肃等5个省（区）措施面积大于6万km^2。

2. 淤地坝数量

淤地坝共有5.844 6万座，淤地927.57 km^2，其中库容在50万～500万m^3的治沟骨干工程5 655座、总库容57.01亿m^3。淤地坝和治沟骨干工程数量陕西省最多，其次是山西省，2省的数量分别达到5.125 9万座和365 4座，分别占淤地坝、治沟骨干工程总数量的87.70%和64.62%。

（四）中国水土流失防治成效

从全国第四次土壤侵蚀普查结果来看，土壤侵蚀面积均有减少，水土保持措施保存情况基本良好。

1. 土壤侵蚀面积有较大幅度下降

全国第四次土壤侵蚀普查中，土壤侵蚀面积与公布的第二次全国土壤侵蚀遥感调查（以下简称"第二次遥感调查"）的355.55万km^2相比，减少60.64万km^2，减少了17.06%。

水力侵蚀面积与"第二次遥感调查"的水力侵蚀面积164.88万km^2相比，减少35.56万km^2，减少了21.56%。其中，轻度、中度侵蚀面积减少明显，分别减少了19.62%、36.67%；强烈侵蚀面积有所减少，减少了5.38%；极强烈和剧烈侵蚀面积略有增加，主要来自未治理陡坡耕地、开发建设项目用地和未利用裸露土地。

风力侵蚀面积与"第二次遥感调查"的风力侵蚀面积190.67万km^2相比，减少25.08万km^2，减少了13.15%。其中，轻度、中度、强烈、极强烈和剧烈侵蚀面积分别减少了9.17%、13.46%、12.02%、18.40%和18.70%。

2. 国家重点治理地区土壤侵蚀面积下降幅度

黄土高原地区的陕西、宁夏、山西和甘肃等省（区）水力侵蚀面积减少显著，水力侵蚀面积占各省份行政面积的比例由29.5%～59.3%降为17.87%～44.85%。西南土石山区的重庆、贵州、四川和云南等省（市）侵蚀面积占各省（市）行政面积的比例由37.2%～63.2%降为23.54%～38.07%。

3. 水土保持措施保存情况总体良好

全国现有水土保持措施保存面积相比《2011年中国水利统计年鉴》中累计措施面积109.66万km^2少了10.50万km^2，相差9.85%。减少的主要原因：一是年鉴数据为多年措施面积逐年累加的数据，统计时要核减当年未成活的林木；二是受地震、洪涝等自然灾害影响，损毁了部分水土保持措施；三是生产建设项目占用、破坏了部分水土保持设施。

应该说,近年来新实施的水土保持措施面积保存率比较高,得益于依法管护和全社会生态保护意识的增强。

二、中国的水土流失特点及危害

(一)中国水土流失的特点

中国是世界上水土流失最为严重的国家之一,由于特殊的自然地理和社会经济条件,水土流失成为主要的环境问题。中国的水土流失具有以下特点。

1. 分布范围广、面积大

根据2010年至2012年全国第一次水利普查水土保持情况普查结果,中国水土流失面积294.91万km^2,其中水力侵蚀面积129.32万km^2,风力侵蚀面积165.59万km^2。水力侵蚀以西部地区最严重,中部次之,东部相对较轻。水土流失严重地区主要分布在长江、黄河、珠江、海河、松辽河等七大流域的上中游地区,尤以长江、黄河上中游分布面积最广。

2. 侵蚀形式多样,类型复杂

水力侵蚀、风力侵蚀、冻融侵蚀及滑坡、泥石流等重力侵蚀特点各异,相互交错,成因复杂。西北黄土高原区、东北黑土漫岗区、南方红壤丘陵区、北方土石山区、南方石质山区以水力侵蚀为主,伴随有大量的重力侵蚀;青藏高原以冻融侵蚀为主;西部干旱地区风沙区和草原区风蚀非常严重;西北半干旱农牧交错带则是风蚀水蚀共同作用区。

3. 土壤流失严重

据统计,中国每年流失的土壤总量达50亿t。长江流域年土壤流失总量24亿t,其中上游地区达15.6亿t;黄河流域黄土高原区每年进入黄河的泥沙多达16亿t。河口至龙门区间的18条支流,面积7.86万km^2,水土流失最为严重,每年每平方千米土壤侵蚀量都在5 000 t以上,局部地区高达30 000多t。

(二)水土流失的危害

严重的水土流失,给中国经济社会的发展和人民群众的生产、生活带来多方面的危害。

1. 耕地减少,土地退化严重

近50年来,中国因水土流失毁掉的耕地达4 000多万亩,平均每年100万亩以上。水土流失造成退化、沙化、碱化草地约100万km^2,占中国草原总面积的50%。20世纪90年代,沙化土地每年扩展2 460 km^2。

2. 泥沙淤积,加剧洪涝灾害

由于大量泥沙下泄,淤积江、河、湖、库,降低了水利设施调蓄功能和天然河道泄洪能力,加剧了下游的洪涝灾害。黄河年均约4亿t泥沙淤积在下游河床,导致河床每年抬高8~10 cm,形成著名的"地上悬河",增加了防洪的难度。1998年长江发生全流域性特大洪水的原因之一就是中上游地区水土流失严重、生态环境恶化,加速了暴雨径流的汇集过程。

3. 影响水资源的有效利用,加剧了干旱的发展

黄河流域3/5~3/4的雨水资源消耗于水土流失和无效蒸发。为了减轻泥沙淤积造

成的库容损失，部分黄河干支流水库不得不采用蓄清排浑的方式运行，使大量宝贵的水资源随着泥沙下泄，黄河下游每年需用200亿 m^3 左右的水冲沙入海，降低河床。

4. 生态恶化，加剧贫困程度

植被破坏，造成水源涵养能力减弱，土壤大量"石化"、"沙化"，沙尘暴加剧。同时，由于土层变薄，地力下降，群众贫困程度加深。中国90%以上的贫困人口生活在水土流失严重地区。

三、土壤侵蚀区域分布规律

（一）土壤侵蚀区域分布与自然区划

全球土壤侵蚀区域分布规律与生物气候带特征基本一致。土壤水蚀主要发生在气候湿润的森林和森林草原地带的丘陵山区，风蚀主要发生在气候干旱的草原和荒漠地带；冻融侵蚀发生在极地。全球侵蚀区域中，水蚀约占50%，风蚀占34%，冻融侵蚀占16%。按地理位置，北纬50°至南纬40°为发生水蚀的主要地区。全球的风蚀主要分布在年降水量为250 mm以下的干旱草原和荒漠地区，如非洲的撒哈拉大沙漠和卡拉利沙漠，中亚及澳大利亚中部地区等。

据中国年均降水量图，中国年降水量地域分布的总趋势是东南多雨、西北干旱。这主要是东南和西南季风从太平洋带来大量水汽影响的结果。中国400 mm降水量等值线，从大兴安岭经内蒙古南部、河北、山西北部，穿越陕北、陇东，沿巴颜喀拉山和唐古拉山到喜马拉雅山，自东北斜贯西南，将中国内地分成东、西两部分。东部多为湿润区，自然景观为草原和荒漠，土壤侵蚀以风蚀为主。中国降水量最多的地区在台湾省基隆南侧的火烧寮，1906～1944年的38年中，年平均降水量高达6 557.8 mm。中国内地降水量最多的是广西临北部湾的东兴，为2 823 mm。

依据中国综合自然区划，水蚀发生的范围最广，包括原为森林、森林草原及灌丛草原植被的湿润、亚湿润及半干旱地区，尤以年降水量为400～600 mm的黄土高原水蚀最为严重。中国的风蚀主要发生在年降水量在250 mm以下的东北、西北及华北的干旱和极干旱地区，其中包括戈壁砾漠、沙漠和土地荒漠化地区；此外，还有沿海沙地。青藏高原、新疆天山、祁连山西部及黑龙江流域的高寒山区，为冻融侵蚀区。年降水量为250～400 mm的地区为水蚀风蚀交错区，土壤侵蚀全年进行，夏秋多水蚀，冬春多风蚀。

（二）中国土壤侵蚀类型区的划分

我国地质地貌及气候特点，构成了各种类型土壤侵蚀发生的基本条件。由于各地自然条件和人为活动不同，形成了许多具有不同特点的土壤侵蚀类型区域。根据我国的地貌特点和自然界某一外营力（如水力、风力等）在较大区域起主导作用的原则，辛树帜等（1982）将全国分为3大土壤侵蚀类型区，即水力侵蚀为主的类型区、风力侵蚀为主的类型区和冻融侵蚀为主的类型区。新疆、甘肃河西走廊、青海柴达木盆地，以及宁夏、陕北、内蒙古、东北西部等地的风沙区，是风力侵蚀为主的类型区；青藏高原和新疆、甘肃、四川、云南等地分布有现代冰川、高原、高山，是冻融侵蚀为主的另一侵蚀区；其余所有山地丘陵地区，则是以水力侵蚀为主的第三类型区，水力侵蚀类型区大体分布在我国大兴安岭—阴山—贺兰山—青藏高原东缘一线以东的地区，包括西北黄土高原区、东北黑土区、北方土石山区、南方红壤丘陵区、西南土石山区 5 个 2 级类型区。

1. 水力侵蚀类型区(Ⅰ)

(1)西北黄土高原区($Ⅰ_1$):黄土高原土壤侵蚀广泛分布,在黄河中游近 60 万 km^2 范围内,土壤侵蚀面积 43 万 km^2,严重的土壤侵蚀面积达 28 万 km^2 以上,最严重的多沙粗沙区面积为 15.6 万 km^2。该区地处大兴安岭—阴山—贺兰山—青藏高原东缘一线以东,西为祁连山余脉的青海日月山,西北为贺兰山,北为阴山,东为管涔山及太行山,南为秦岭。主要流域为黄河流域。主要地带性土壤为:在半湿润气候带自西向东依次为灰钙土、黑垆土、褐土;在干旱及半干旱气候带自西向东依次为灰钙土、棕钙土、栗钙土。土壤侵蚀分为黄土丘陵沟壑区(下设 5 个副区)、黄土高塬沟壑区、土石山区、林区、高地草原区、干旱草原区、黄土阶地区、冲积平原区等 8 个类型区,是黄河泥沙的主要来源地。

(2)东北黑土区(低山丘陵区陵和漫岗丘陵区)($Ⅰ_2$):本类型区南界为吉林省南部,西、北、东三面为大、小兴安岭和长白山所围绕。漫川漫岗区为松嫩平原,是大、小兴安岭延伸的山前冲积洪积台地。地势大致由东北向西南倾斜,具有明显的台坎,坳谷和岗地相间是本区重要的地貌特征;主要流域为松辽流域;低山丘陵主要分布在大、小兴安岭和长白山余脉;漫岗丘陵则分布在东、西、北侧等三地区。

(3)北方土石山区($Ⅰ_3$):本区是指东北漫岗丘陵以南,黄土高原以东,淮河以北,包括东北南部,河北、山西、内蒙古、河南、山东等省(区)范围内有土壤侵蚀现象的山地、丘陵。本区气候属暖温带半湿润、半干旱区;主要流域为淮河流域、海河流域;按分布区域,可分为以太行山山地区,辽西—冀北山地区,山东丘陵区(位于山东半岛),阿尔泰山地区,松花江、辽河冲积平原,黄淮海平原区等 6 个主要的区。

(4)南方红壤丘陵区($Ⅰ_4$):本类型区以大别山为北屏,巴山、巫山为西障(含鄂西全部),西南以云贵高原为界(包括湘西、桂西),东南直抵海域,包括台湾、海南岛以及南海诸岛。主要流域为长江流域;主要土壤为红壤、黄壤,是我国热带及亚热带地区的地带性土壤,非地带性土壤有紫色土、石灰土、水稻土等。土壤侵蚀主要集中在长江和珠江中游,以及东南沿海的各河流的中、上游山地丘陵。南方山地丘陵区温暖多雨,有利于植被的恢复和生长,地面植被覆盖好,雨量丰沛,年降水量达 1 000 ~ 2 000 mm,且多暴雨,最大日雨量超过 150 mm,1 h 最大雨量超过 30 mm,因而地面径流较大,年径流深在 500 mm 以上,最大达 1 800 mm,径流系数为 40% ~ 70%,侵蚀力强。加之炎热高温,风化作用强烈,地面花岗岩、紫色砂页岩及红土又极易破碎。因此,在植被遭到破坏的浅山、丘陵岗地,土壤侵蚀相当严重。由于土壤、母质及其他自然因素的不同,本区内又有江南山地丘陵区、岭南平原丘陵区、长江中下游平原区等不同类型。

(5)西南土石山区($Ⅰ_5$):本类型区北接黄土高原,东接南方红壤丘陵区,西接青藏高原冻融区,包括云贵高原、四川盆地、湘西及桂西等地。气候为热带、亚热带;主要流域为珠江流域;岩溶地貌发育;主要岩性为碳酸岩类,此外,还有花岗岩、紫色砂页岩、泥岩等;山高坡陡,石多土少;高温多雨,岩溶发育,山崩、滑坡、泥石流分布广,发生频率高。本类型区按地域可分为四川山地丘陵区、云贵高原山地区、横断山山地区、秦岭大别山鄂西山地区、川西山地草甸区等 5 个区。

2. 风力侵蚀类型区(Ⅱ)

我国风力侵蚀主要分布于西北、华北、东北西部，包括新疆、青海、甘肃、宁夏、内蒙古、陕西等省(区)的沙漠及沙漠周围地区。总面积 187.6 万 km^2，约占全国总面积的 19%。沙丘起伏的沙漠为 63.7 万 km^2，沙砾及碎石戈壁 45.8 万 km^2。

我国沙漠多位于内陆，远离海洋，分布于海拔较高的高平原及内陆山间盆地中，在甘肃乌鞘岭和宁夏贺兰山以西，沙漠、戈壁分布比较集中，占全国沙漠戈壁总面积的 90%，绝大部分以流动沙丘为主。该线以东，沙漠分布比较零散，面积也较小，除毛乌素沙地及科尔沁沙地有一部分流沙外，绝大部分以固定、半固定沙丘为主。

我国风沙地区气候干旱，雨量稀少，大部分年降水量在 200 mm 以下，最少在 10 mm 以下。热量丰富，气温变化剧烈，蒸发量很大，一般在 1 400 ~ 3 000 mm。因此，气候异常干燥，风力强劲，冬春风季风速经常达到 5 ~ 6 级以上。再加上植被稀疏低矮，绝大部分系草本和灌木(如沙蒿、红柳和酸刺等)，河流冲积或湖积的沙质沉积物深厚广泛，就使得风沙活动频繁而强烈。风沙日一般每年有 20 ~ 100 d，最多可达 150 d，造成强烈的风蚀和风沙迁移、堆积，并形成多种风蚀地貌及广泛分布的沙丘。沙丘高度一般为 10 ~ 25 m，高大者可达 100 ~ 300 m。这些沙丘中，除了固定沙丘，因植被覆盖率在 40% 以上，沙丘表面风沙活动不显著外，半固定沙丘植被覆度在 15% ~ 40%，沙丘表面流沙呈斑点状分布，有风沙活动。而流动沙丘植被覆盖度在 15% 以下，风沙活动强烈。沙丘在风力作用下顺主风方向移动的速度，一般每年在 5 m 左右，最快的可达 10 m 以上(赵羽等，1989)。

朱震达(1991)根据沙漠化土地分布的特点及其形成过程，以每一自然地带的沙漠化特点作为划分的一级指标，以沙漠化发展程度(潜在沙漠化、正在发展的沙漠化、强烈发展的沙漠化、严重沙漠化)作为分区的二级指标，本类型区又可分为：

(1)“三北”戈壁沙漠及沙地风沙区($Ⅱ_1$)：主要分布在西北、华北、东北的西部，包括青海、新疆、甘肃、宁夏、内蒙古、陕西、黑龙江等省(区)的沙漠戈壁和沙地。气候干燥，年降水量 100 ~ 300 mm，多大风及沙尘暴、流动和半流动沙丘，植被稀少；主要流域为内陆河流域。

(2)沿河环湖滨海平原风沙区($Ⅱ_2$)：本区主要分布在山东黄泛平原、鄱阳湖滨湖沙山及福建省、青海省滨海区。湿润或半湿润区，植被覆盖度高。

3. 冻融侵蚀类型区(Ⅲ)

本区主要分布在我国青藏高原及西部、北部的高山地区，其类型包括北方冻融土侵蚀区和青藏高原冰川冻土侵蚀区。

(1)北方冻融土侵蚀区($Ⅲ_1$)：主要分布在东北大兴安岭山地及新疆的天山山地。按地域分两个区：大兴安岭北部山地冻融水蚀区和天山山地森林草原冻融水蚀区。

(2)青藏高原冰川冻土侵蚀区($Ⅲ_2$)：主要分布在青藏高原和高山雪线以上。按地域分为两个区：藏北高原高寒草原冻融风蚀区，主要分布在藏北高原；青藏高原高寒草原冻融侵蚀区，主要分布在青藏高原的东部和南部，高山冰川与湖泊相间，局部有冰川泥石流。

第三节　中国的水土保持

中国水土保持发展历史悠久。早在远古时代，黄河流域就有“平治水土”之说。从距今约3 000年前的西周时期一直到明清时代,先后有保护水土草木及其整治的文献记载。当今我国及世界上有关水土保持的理论和实践,多为我国历史成就的延续和发展。

一、历史上的中国水土保持

(一)历史上中国水土保持思想理论和实践的形成

1. 远古到宋代

1)"平治水土"和"沟洫治黄"

中国远古史按《史记》自黄帝(距今4 600~5 000年)开始,按《尚书》自尧(距今4 200~4 700年)开始。我国江河洪水的治理源于《尚书》中"水、木、金、火、土"五行之说和大禹"平治水土"的传说。《尚书》中箕子说:"我闻在昔鲧堵塞洪水,汩陈五行,帝乃震怒。"意指鲧只知"壅防百川",造成严重后果;伯禹能正确处理水土关系,制服洪水。在《禹贡》、《史记·五帝本记》中对大禹治田与治河相结合的成就作了总结,"唯禹之功为大,披九山,通九泽,决九河,定九州,各以职来贡,不失其宜",其对后世的治理江河与水土保持启迪和影响极大。

《诗经》中"原隰既平,泉流既清"的诗句即"平治水土"的反映。诗句中广平的土地称原,下湿的土地称隰,经过治理的水流称清,经过治理的土地称平。即以平原和下湿地为主,平整土地,防止冲刷,减少河川水流泥沙量而变清,说明当时已注意到水土流失问题和水土保持工作。

《汉书·沟洫志》记载了西汉时贾让治黄的主张"多穿漕渠,使民灌田,分杀水怒,兴利除害,民虽劳不疲"。这是对远古禹"尽力于沟洫"的重振和发扬。古代的沟洫治理是指在耕地四周修治排水沟渠,这些沟道由近及远,由小而大,最后流入江河。这种沟洫治理自西周一直到明清时期,在水土保持和治黄的理论与实践方面均有丰富和发展。

2)水、土、草、木资源的保护和平衡及土地合理利用之说

先秦古籍《诗经》、《逸周书》、《孟子》等都有倡导保护森林的记载。早在3 000年前西周时期就设有保护薮泽的官吏,称之为山虞、泽虞,或统称虞师。薮泽指沼泽,泽无水称薮,为百物生长繁殖的场所。《逸周书》载:"禹之禁,春三月,山林不登斧,以成草木之长。"孟子向梁惠王提出:"斧斤以时入山林,材木不可胜用也。"秦始皇统一中国后,曾颁布"一山泽"、"无伐草木"的法令。

《国语·鲁语》中记:周灵王二十二年(公元前550年),周都的榖、洛两水斗,快把王宫冲毁,灵王想壅土防止。太子晋说:"古之长民者,不毁山,不崇薮,不防川,不窦泽。夫山,土之聚也;薮,物之归也;川,气之导也;泽,水之钟也。"这一番话,不仅继承了大禹治水的综合观念,而且形成我国古代水、土、草、木资源平衡之说。

2. 北宋至明清

自北宋以来,黄河的决溢灾害有明显增长趋势,其原因是人口增长,毁林毁草的垦殖活动加剧,加之战乱、屯垦,人为加速侵蚀发展,黄土高原水土流失和入黄泥沙剧增。

北宋和明清时期黄河下游决溢灾害,几乎达每两年发生一次。同时人们对防御自然灾害、治水与治田、治河与水土保持的关系等问题有了新的认识,在观念和理论上有了新的提高,以下列举以明代的周用、徐贞明、徐光启和清代的胡定等为代表的理论。

1)治河、垦田与沟洫治河论

明嘉靖二十二年(1543年)周用负责治理黄河，他在上奏《理河事宜疏》中提出：“治河、垦田，事实相因，水不治则田不可治，田治则水当治，事相表里”，即治河必须与治田相结合，这里治田是指在田间修沟洫。周用又说：“夫天下之水，莫大于河，天下有沟洫，天下皆容水之地，黄河何所不容”；“天下皆修沟洫，天下皆治水之人”；“使天下人人治田，则人人治河”；据此即能平治河患，“一举而兴天下之大利，平天下之大患”。周用的主张明确了治河与广大流域面上水土保持相结合的观念，由单一治河转向田面沟洫蓄水与治河相结合，田治则水当益治。

2)“治水先治源”论

周用的观念和主张得到了同时代徐贞明和徐光启的认同，他们进一步论述了沟洫变水害为水利的思想。徐贞明认为：“水聚之则害，而散之则利；弃之利害，而用之则利”；提出“治水先治源”的论述，“水利之法，当先于水之源，源分则流微而易御，田渐成则水渐杂，水无泛滥之虞，田无冲激之患矣”。这些观念和说法，即把上游的治水、治田与下游的治河相结合。

徐光启对北方利用水资源修水田作了修正，“北方之可为水田者少，可为旱田者多”，所以不能“只言水田而不言旱田”。他编写了《旱田用水疏》，提出开沟渠、修堰坝、筑池塘、修梯田等“田水之源”的一套办法，丰富了“治水先治源”的理论。

3)“汰沙澄源”论

“沟洫治河”论和“治水先治源”论，论述了黄河中游治田和水土保持对减缓下游洪水及河患的辩证关系。清乾隆八年(1743年)，陕西道监察御史胡定在上奏乾隆皇帝的《胡定条奏河防事宜》中说：“黄河之沙，多出自三门峡以上及山西中条山一带破涧中，请令地方官于涧口筑坝堰，水发，沙滞涧中，渐为平壤，可种秋麦。”胡定所指黄河的来沙区与今所指黄河中游为主要侵蚀产沙区基本一致，其“汰沙澄源”论即指在黄河上中游支流的沟壑中筑坝淤地，拦截泥沙不使泥沙输入黄河，又使沟壑变为农田利用。

4)森林抑流固沙论

关于保护森林之说，先秦《诗经》、《逸周书》等已有记载；森林抑流固沙、保持水土的理论可见于南宋魏岘的《四明它山水利备览》和清代梅伯言的《书棚民事》。魏岘在其文中说：“四明水陆之胜，万山胜秀，昔时巨木高森；沿溪平地竹木蔚然茂密，虽遇暴水湍激，沙土为木根盘结，沙下不多，所淤亦少，闾淘良易。近年以来木值价穹，斧斤相寻，靡山不童；而平地竹木亦为之一空。大水之时，既无林木少抑奔湍之势，又无包缆以固沙土之基，致使浮沙随流而下，淤塞溪流，至高四五丈。”此文分析论证了根系固结沙土防止冲刷的作用，一旦森林植被破坏，土壤易遭冲蚀，大量泥沙下泄，淤塞江河。梅伯言通过实地考察，向农民请教，得知“未开之山，土坚石固，草树茂密，腐叶积数年可二三寸，每天雨，从树至叶，从叶至土石，历石雨罅滴沥成泉，其下水也缓，又水下而土不随其下；水缓，故低田受之不为灾，而半月不雨，高田尤受其浸灌。今以斤斧童其山，而双锄犁疏其土，一雨未毕，沙石随下，奔流注壑涧中，皆填淤不可贮水，毕至洼地中乃止，及洼田竭，而山田之水无继者”。梅伯言通过调查，一方面系统论述了森林冠层、枯枝落叶层抵御暴雨洪水的作用；另一方面又论述了森林破坏后，加速土壤侵蚀、冲淤沟道、淹没下游农田并加剧旱灾的机制。以上论述为现代强化植被建设，改善生态环境和减少入河泥沙的理论与实践，奠定了基础。

（二）历史上的水土保持措施

1. 耕作措施

1）甽田法

这是我国劳动人民最早创造的水土保持耕作法。从甲骨文"甽"字分析，甽田法在4 000多年前后稷就开始采用。有关记载见于《吕氏春秋·任地·辩土》、《汉书》等古籍。据《汉书》的说法，甽田法是用两耜合并在一起等高开沟，宽深各一尺，此沟即称甽。

现代的沟垄种植法、水平沟种植法多为甽田法的承袭和发展。

2）区田法

区田法相传是商代伊尹创造的，最早的记载见于西汉的《氾胜之书》。书中记载："汤有旱灾，伊尹作区田，教民粪种，负水浇稼。"区田法的优点是：集中施肥和灌水，保持水土；不一定要好地，凡丘陵、土岗、山坡都可修造；省工，易管理；改广种薄收为集中优化耕作，产量高，利于促进退耕。现代应用的"掏钵种"、"坑田"、"聚肥改土耕作法"等，均源于区田法。

2. 工程措施

1）梯田

我国南方丘陵山区修造水平梯田种植水稻必须与兴建蓄水灌溉的陂塘相结合，故这类水稻梯田称之为陂田。陂田一词最早出现在《史记》与《汉书》，陂田是指由陂塘供水的稻田，丘陵山区的稻田必须修成台阶式梯田，才能进行灌溉种稻。陂田建设首先从适宜于修建陂塘的低丘、山麓或山谷的缓坡开始，随着耕垦由缓坡向偏远荒山、高山发展，出现高山梯田，首见于南宋初。范成大所著《骖鸾录》（1172 年）记载："仰山（今江西宜春县山名），缘山腹乔松之蹬甚危；岭坂上皆禾田，层层而上至顶，名梯田。"

黄土高塬丘陵区旱梯田的出现也较早，至今还能找到有600 余年历史的老梯田。坡改梯高效农业的基本农田建设已成为推进广大水土流失区治理的突破口。

2）引洪漫地

引用高含沙洪水淤灌劣地，是群众创造的变害为利，改造荒滩、盐碱地为良田，提高土地利用率的方法。陕西省富平县赵老峪的引洪漫地，据考证起源于秦国，距今已有2 000余年。陕北定边县八里河的引洪漫地，始于清道光二十三年（1843 年），到清末已变荒滩为良田，共淤成840 hm^2。内蒙古境内大黑河修建引洪渠，在清代的200 余年内，引洪漫地数万亩。

3）淤地坝

筑坝淤地是黄河流域群众具有独创性的水土保持措施。据考证，山西禹山等地打坝淤地可追溯到明代，山西省汾西县筑坝淤地有400 年历史，民间传说："修坝如修仓，澄泥如存粮。"清乾隆年间胡定提出的"汰沙澄源"治黄方案，即来自于农民打坝淤地的经验。据20 世纪50 年代调查，山西省柳林县贾家塬百亩大坝已有120 年历史，陕西省清涧县辛关村坝地有190 余年历史。

4）陂塘

陂塘的兴建和利用早在《禹贡》和《诗经》中已有记述。《禹贡》中记有“九泽既陂”。早期的陂塘是围绕泽修建堤坝而形成的大型蓄水灌田设施。如公元前6世纪楚相孙叔敖在今淮河流域引淠水修建了历史上有名的芍陂，用以种稻。西汉时全国各地兴建陂塘，除大型者由官府主办外，在丘陵山区农民利用溪谷流水蓄为陂池者不可胜计。

3. 封山育林和造林种草

1）封山育林

封山育林起始于西周。秦国正式颁布“一山泽”、“无伐草木”封山育林的法令。秦以后的历代封建王朝，大都颁行过“封山泽”的法令。

2）造林种草

在丘陵山区发展经济林木，荒山、荒坡、荒地造林种草。战国时《管子》中记有以一国的山、泽中草木生长情况，判断其贫富，如“行其山泽，观其桑麻，计其六畜之产，而贫富之国可知”。西汉《史记·货殖列传》中讲述“安邑（山西中条山区）千树枣；燕（河北燕山）、秦（陕西秦岭）千树栗；蜀、汉（汉中）、江陵（鄂西）千树橘；齐、鲁千亩桑麻……此其人皆与千户侯等”。《逸周书》中讲述了不宜种植五谷的地方，应栽植林木，“坡沟、道路、蘩苴、丘陵不可树谷者，树以材木……”古代人民已重视土地合理利用，造林种草合理布局，并作为增加经济收入的来源。

二、现代水土保持工作进展

新中国成立以来，通过不懈的努力，水土保持已取得了显著成效。全国累计治理水土流失面积90万km^2。通过水土保持措施，累计减少土壤侵蚀量426亿t，增产粮食2 492亿kg，基本解决了水土流失治理区群众的温饱问题，改善了当地的生态环境，提高了群众生活水平。经过半个多世纪的发展，中国的水土保持走出了一条具有中国特色、综合防治水土流失的路子。主要做法如下：

（1）坚持与时俱进的思想，积极调整工作思路，不断探索加快防治水土流失的新途径。根据经济社会发展与人民生活水平提高对水土保持生态建设的新要求，在加强人工治理的同时，依靠大自然的力量，开展生态自我修复工作，促进人与自然的和谐，加快水土流失防治步伐。

（2）预防为主，依法防治水土流失。中国政府通过贯彻执行《水土保持法》，建立健全了水土保持配套法规体系和监督执法体系；规定了“预防为主”的方针，加强执法监督，禁止陡坡开荒，加强对开发建设项目的水土保持管理，控制人为水土流失。

（3）以小流域为单元，科学规划，综合治理。中国水土保持始终坚持制订科学的水土保持规划，以小流域为单元，根据水土流失规律和当地实际，实行山、水、田、林、路综合治理，对工程措施、生物措施和农业技术措施进行优化配置，因害设防，形成水土流失综合防治体系。

（4）治理与开发利用相结合，实现三大效益的统一。在治理过程中，把治理水土流失和开发利用水土资源紧密结合起来，突出生态效益，注重经济效益，兼顾社会效益，实现三大效益的统一，使群众在治理水土流失、保护生态环境的同时，取得明显的经济效益，进而激发其治理水土流失的积极性。

(5)优化配置水资源,合理安排生态用水,处理好生产、生活用水和生态用水的关系。同时,在水土保持和生态建设中,充分考虑水资源的承载能力,因地制宜,因水制宜,适地适树,宜林则林,宜灌则灌,宜草则草。

(6)依靠科技,提高治理的水平和效益。重视理论与实践、科技与生产相结合,充分发挥科学技术的先导作用。积极引进国外先进技术、先进理念和先进管理模式,加大国际交流与合作。注重科技成果的转化,大力推广各种实用技术,采取示范、培训等多种形式对农民群众进行科普教育,增强农民的科学治理意识和能力,从而提高治理的质量和效益。

(7)建立政府行为和市场经济相结合的运行机制。通过制定优惠政策,实行租赁、承包、股份合作、拍卖"四荒"使用权等多种形式,调动社会各界的积极性,建立多元化、多渠道、多层次的水土保持投入机制,形成全社会广泛参与治理水土流失的局面。

(8)广泛宣传,增强全民水土保持意识。采取政府组织、舆论导向、教育介入等多种形式,广泛、深入、持久地开展《水土保持法》等有关法律法规和水土流失危害性的宣传,增强全民水土保持意识。

三、中国水土保持的目标、任务与措施

21世纪是全球致力于经济和自然协调发展的重要时期,中国政府明确提出全面建设小康社会的奋斗目标,并已将水土保持生态建设确立为经济社会发展的一项重要的基础工程,明确了中国水土保持生态建设的战略目标和任务。今后一个阶段水土保持工作的思路是,紧紧围绕三大目标,认真落实四项任务,切实采取八项措施,以水土资源的可持续利用和维系良好的生态环境为全面建设小康社会提供支撑与保障。

(一)中国水土保持的目标

(1)在有效减轻水土流失、减少进入江河泥沙的同时,加强对化肥、农药等面源污染的控制和对重点江河湖库周边的水源保护及生态改善。

(2)在大力改善农业生产条件的同时,突出促进农村产业结构调整和产业开发,集约、高效、可持续利用水土资源,有效增加农民收入。

(3)在改善生态环境,减轻干旱、洪涝灾害的同时,重视城乡人居环境质量的改善,促进人与自然的和谐,建设美好家园,提高人民生活质量。

(二)当前水土保持工作的主要任务

1.预防监督

要重点加强对主要供水水源地、库区、生态环境脆弱区及能源富集、开发集中区等区域水土流失的预防保护和监督管理,把项目开发建设过程中造成的人为水土流失减少到最低程度。

2.综合治理

继续加强长江、黄河上中游、东北黑土区等水土流失严重地区的治理和京津周边防沙治沙工程建设,坚持以小流域为单元进行综合整治,突出重点,抓好示范。要在有条件的地方,大力推进淤地坝建设。

3. 生态修复

在地广人稀、降雨条件适宜和水土流失轻微的地区实施水土保持生态修复工程，实行封育保护、封山禁牧，充分发挥大自然的力量和生态的自我修复能力，促进大范围的水土保持生态建设。

4. 监测预报

加强水土流失监测和管理信息系统建设，提高水土流失调查评价和监测预报水平。

5. 水土流失防治

到21世纪中叶，全国建立起适应经济社会可持续发展的良性生态系统，适宜治理的水土流失区基本得到整治，水土流失和沙漠化基本得到控制，坡耕地基本实现梯田化，宜林地全部绿化，“三化”草地得到恢复，全国生态环境明显改观，人为水土流失得到根治，大部分地区基本实现山川秀美。

（三）中国水土保持工作的主要措施

（1）依法行政，不断完善水土保持法律、法规体系，强化监督执法。严格执行《水土保持法》的规定，通过宣传教育，不断增强群众的水土保持意识和法制观念，坚决遏制人为水土流失，保护好现有植被，重点抓好开发建设项目水土保持管理，把水土流失的防治纳入法制化轨道。

（2）实行分区治理，分类指导。西北黄土高原区突出沟道治理，以淤地坝建设为重点，有效拦截泥沙，淤土造地，发展生产，特别是建设稳产高产基本农田，促进陡坡耕地退耕还林还草；东北黑土区大力推行保土耕作，保护和恢复植被；南方红壤丘陵区采取封禁治理，提高植被覆盖度，通过以电代柴解决农村能源问题；北方土石山区改造坡耕地，发展水土保持林和水源涵养林；西南石灰岩地区陡坡退耕，大力改造坡耕地，蓄水保土，控制石漠化；风沙区营造防风固沙林带，实施封育保护，防止沙漠扩展；草原区实行围栏、轮牧、休牧，建设人工草场。

（3）加强封育保护，依靠生态的自我修复能力，促进大范围的生态环境改善。按照人与自然和谐相处的要求，控制人类活动对自然的过度索取和侵害。大力调整农牧业生产方式，在生态脆弱地区，封山禁牧，舍饲圈养，依靠大自然的力量，特别是生态的自我修复能力，增加植被，减轻水土流失，改善生态环境。

（4）大规模地开展生态建设工程。继续开展长江上游、黄河中游地区以及环京津地区的一系列重点生态工程建设，加大退耕还林力度，搞好天然林保护；大规模开展黄土高原淤地坝建设，牧区水利和小水电代燃料工程，促进生态的恢复，巩固退耕还林成果；在内陆河流域合理安排生态用水，恢复绿洲和遏制沙漠化。

（5）科学规划，综合治理。实行以小流域为单元的山、水、田、林、路统一规划，综合运用工程、生物和农业技术三大措施，有效控制水土流失，合理利用水土资源，促进人口、资源与环境协调发展。尊重群众的意愿，推行群众参与式规划设计，把群众的合理意见吸收到规划设计中去，调动群众参与水土保持项目建设的积极性。

（6）加强水土保持科学研究，促进科技进步。不断探索有效控制土壤侵蚀、提高土地综合生产能力的措施，加强对治理区群众的培训，搞好水土保持科学普及和技术推广工作。建设一批规模比较大的水土保持综合治理示范区和科技含量高的水土保持科技示范园区。积极开展水土保持监测预报,大力应用“3S”等高新技术,建立全国水土保持监测网络和信息系统,努力提高科技在水土保持中的贡献率。

(7)完善和制定优惠政策,建立适应市场经济要求的水土保持发展机制,明晰治理成果的所有权,保护治理者的合法权益,鼓励和支持广大农民及社会各界人士积极参与治理水土流失。

(8)加强水土保持方面的国际合作和对外交流,增进相互了解,不断学习、借鉴和吸收国外水土保持方面的先进技术、先进理念和先进管理经验,提高中国水土保持的科技水平。

第四节 《水土保持法》概述

一、《水土保持法》立法及修订历程

《水土保持法》于1991年6月29日由第七届全国人民代表大会常务委员会第二十次会议审议通过。该法的颁布实施被称为中国水土保持事业的一个里程碑。

水土流失是我国头号环境问题,严重威胁国家生态安全、粮食安全、防洪安全。自1991年《水土保持法》颁布实施以来,国家不断加大水土流失预防治理力度,为改善农业生产条件和城乡生态环境,促进经济社会又好又快发展发挥了重要作用。随着经济社会的快速发展和人民群众对生态环境要求的不断提高,水土保持工作也遇到了一些新的问题,迫切需要通过修订《水土保持法》加以解决。经过各方面历时5年的努力,修订后的《水土保持法》经中华人民共和国第十一届全国人民代表大会常务委员会第十八次会议审议通过,第39号主席令予以公布,从2011年3月1日起正式施行。这是水利法制建设的重要里程碑,对进一步依法保护水土资源,加快水土流失防治进程,改善生态环境,保障经济社会可持续发展,必将产生巨大的推动作用和深远的历史影响。

新修订后的《水土保持法》在反映科学发展观、可持续发展和和谐发展的理念上更为明显,充分体现人与自然和谐的思想,将近年来党和国家关于生态建设的方针、政策以及各地的成功做法与实践以法律形式确定下来,它体现出来的特点可用“五个强化”来概括:强化了政府和部门责任,强化了规划的法律地位,强化了预防保护制度,强化了综合治理措施,强化了法律责任。

新《水土保持法》包括总则、规划、预防、治理、监测和监督、法律责任、附则等,共7章60条。

二、《水土保持法》的主要内容

(一)立法总则

1. 立法目的

新《水土保持法》的立法目的是预防和治理水土流失,保护和合理利用水土资源,减轻水、旱、风沙灾害,改善生态环境,保障经济社会可持续发展。

2. 水土保持的法律概念

新《水土保持法》中对水土保持的定义为：本法所称水土保持，是指对自然因素和人为活动造成水土流失所采取的预防和治理措施(第二条第二款)。

新《水土保持法》规定了水土保持的法律概念，即对自然因素和人为活动造成水土流失所采取的预防和治理措施。因此，水土保持至少包括四层含义：自然水土流失的预防、自然水土流失的治理、人为水土流失的预防、人为水土流失的治理。

3. 水土保持的工作方针

新《水土保持法》对水土保持工作方针的规定：预防为主、保护优先、全面规划、综合治理、因地制宜、突出重点、科学管理、注重效益(第三条)。

与原《水土保持法》相比，新《水土保持法》增加了“保护优先”和“突出重点”的内容，并将“综合防治”修订为“综合治理”，“加强管理”修订为“科学管理”，使水土保持工作方针更加科学和完善。一是进一步强化了“预防”的地位，体现了我国生态建设与保护由事后治理向事前预防的战略性转变。二是原“综合防治”之中的“防”，已经在“预防为主”中体现了其含义，故将其修订为“综合治理”。三是强调因地制宜和突出重点要相辅相成。针对我国水土流失防治任务非常艰巨和国家财力相对有限的现实国情，既要全面重视、整体推进，又要突出重点，尤其是对重点地区、事关国计民生的重大问题要有针对性地开展重点防治。四是强调水土保持管理的科学性。水土保持作为社会公益性事业，科学管理是政府依法行政、规范行政、提高行政效率的必然要求，是现代政府职能的具体体现。

(二)关于水土保持规划

水土保持规划是水土保持工作的总体和专项部署，它的编制落实直接关系到水土保持工作的综合、长远效果。新《水土保持法》主要针对水土保持工作统筹规划还不够的问题，新增加了这一章。该章对水土保持规划编制的依据、规划的内容、编制的主体和批准程序等都作了明确规定，强调水土保持规划应该在水土流失调查结果、对水土流失重点预防区和重点治理区进行划分的基础上，遵循统筹协调、分类指导的原则编制。

1. 水土保持规划编制的依据和原则

新《水土保持法》第十条内容为：水土保持规划应当在水土流失调查结果及水土流失重点预防区和重点治理区划定的基础上，遵循统筹协调、分类指导的原则编制。需要强调的是，我国幅员辽阔，自然、经济、社会条件差异大，水土流失范围广，面积大，形式多样，类型复杂。水力、风力、重力、冻融及混合侵蚀特点各异，防治对策和治理模式各不相同。因此，必须从实际出发，坚持分类指导的原则，对不同区域、不同侵蚀类型区水土流失的预防和治理区别对待，因地施策，因势利导，不能“一刀切”。

2. 水土保持规划的内容

新《水土保持法》第十三条第一款明确指出：水土保持规划的内容应当包括水土流失状况，水土流失类型区划分，水土流失防治目标、任务和措施等。

编制规划时，一是要系统分析评价区域水土流失的强度、类型、分布、原因、危害及发展趋势，全面反映水土流失状况。二是要根据规划范围内各地不同的自然条件、社会经济情况、水土流失及发展趋势，进行水土流失类型区划分和水土保持区划分，确定水土流失防治的主攻方向。三是根据区域的自然、经济、社会发展需求，因地制宜，合理确定水土流失防治目标。一般以量化指标表示，如新增水土流失治理面积、林草覆盖率、减少土壤侵蚀量、水土流失治理度等。四是分类施策，确定防治任务，提出防治措施，包括政策措施、预防措施、治理措施和管理措施等。

（三）关于水土流失预防

新《水土保持法》进一步强化了预防为主、保护优先的水土保持工作方针。主要内容包括地方政府预防水土流失的职责，在水土流失严重、生态脆弱地区等特殊区域禁止和限制性规定，生产建设项目水土保持方案管理、设施验收制度等。

1. 水土流失的预防

新《水土保持法》第十六条内容为：地方各级人民政府应当按照水土保持规划，采取封育保护、自然修复等措施，组织单位和个人植树种草，扩大林草覆盖面积，涵养水源，预防和减轻水土流失。

2. 禁垦区域

新《水土保持法》第二十条内容为：禁止在25°以上陡坡地开垦种植农作物。在25°以上陡坡地种植经济林的，应当科学选择树种，合理确定规模，采取水土保持措施，防止造成水土流失。省、自治区、直辖市根据本行政区域的实际情况，可以规定小于25°的禁止开垦坡度。禁止开垦的陡坡地的范围由当地县级人民政府划定并公告。

3. 生产建设项目水土保持方案制度

新《水土保持法》第二十五条内容为：在山区、丘陵区、风沙区以及水土保持规划确定的容易发生水土流失的其他区域开办可能造成水土流失的生产建设项目，生产建设单位应当编制水土保持方案，报县级以上人民政府水行政主管部门审批，并按照经批准的水土保持方案，采取水土流失预防和治理措施。没有能力编制水土保持方案的，应当委托具备相应技术条件的机构编制。水土保持方案应当包括水土流失预防和治理的范围、目标、措施和投资等内容。水土保持方案经批准后，生产建设项目的地点、规模发生重大变化的，应当补充或者修改水土保持方案并报原审批机关批准。水土保持方案实施过程中，水土保持措施需要作出重大变更的，应当经原审批机关批准。生产建设项目水土保持方案的编制和审批办法，由国务院水行政主管部门制定。

4. 生产建设项目水土保持“三同时”制度

新《水土保持法》第二十七条内容为：依法应当编制水土保持方案的生产建设项目中的水土保持设施，应当与主体工程同时设计、同时施工、同时投产使用；生产建设项目竣工验收，应当验收水土保持设施；水土保持设施未经验收或者验收不合格的，生产建设项目不得投产使用。

（四）关于水土流失治理

新《水土保持法》对国家水土保持重点工程建设、水土保持生态效益补偿、水土保持补偿费、社会公众参与治理、水土保持技术路线及措施体系等作了规定。

1. 水土保持重点工程建设

新《水土保持法》第三十条规定：国家加强水土流失重点预防区和重点治理区的坡耕地改梯田、淤地坝等水土保持重点工程建设，加大生态修复力度。县级以上人民政府水行政主管部门应当加强对水土保持重点工程的建设管理，建立和完善运行管护制度。

2. 水土保持生态效益补偿

新《水土保持法》第三十一条规定：国家加强江河源头区、饮用水水源保护区和水源涵养区水土流失的预防和治理工作，多渠道筹集资金，将水土保持生态效益补偿纳入国家建立的生态效益补偿制度。

3. 水土保持补偿费

新《水土保持法》第三十二条规定：开办生产建设项目或者从事其他生产建设活动造成水土流失的，应当进行治理。在山区、丘陵区、风沙区以及水土保持规划确定的容易发生水土流失的其他区域开办生产建设项目或者从事其他生产建设活动，损坏水土保持设施、地貌植被，不能恢复原有水土保持功能的，应当缴纳水土保持补偿费，专项用于水土流失预防和治理。专项水土流失预防和治理由水行政主管部门负责组织实施。水土保持补偿费的收取使用管理办法由国务院财政部门、国务院价格主管部门会同国务院水行政主管部门制定。生产建设项目在建设过程和生产过程中发生的水土保持费用，按照国家统一的财务会计制度处理。

4. 水土流失治理措施

1）对水力、风力、重力侵蚀地区的水土流失治理措施的规定

新《水土保持法》第三十五条规定：在水力侵蚀地区，地方各级人民政府及其有关部门应当组织单位和个人，以天然沟壑及其两侧山坡地形成的小流域为单元，因地制宜地采取工程措施、植物措施和保护性耕作等措施，进行坡耕地和沟道水土流失综合治理。在风力侵蚀地区，地方各级人民政府及其有关部门应当组织单位和个人，因地制宜地采取轮封轮牧、植树种草、设置人工沙障和网格林带等措施，建立防风固沙防护体系。在重力侵蚀地区，地方各级人民政府及其有关部门应当组织单位和个人，采取监测、径流排导、削坡减载、支挡固坡、修建拦挡工程等措施，建立监测、预报、预警体系。

2）对饮用水水源保护区的水土流失治理措施的规定

新《水土保持法》第三十六条规定：在饮用水水源保护区，地方各级人民政府及其有关部门应当组织单位和个人，采取预防保护、自然修复和综合治理措施，配套建设植物过滤带，积极推广沼气，开展清洁小流域建设，严格控制化肥和农药的施用，减少水土流失引起的面源污染，保护饮用水水源。

3）对坡耕地水土流失治理的规定

新《水土保持法》第三十七条规定：已在禁止开垦的陡坡地上开垦种植农作物的，应当按照国家有关规定退耕，植树种草；耕地短缺、退耕确有困难的，应当修建梯田或者采取其他水土保持措施。在禁止开垦坡度以下的坡耕地上开垦种植农作物的，应当根据不同情况，采取修建梯田、坡面水系整治、蓄水保土耕作或者退耕等措施。

4）对生产建设活动造成水土流失的治理措施的规定

新《水土保持法》第三十八条规定：对生产建设活动所占用土地的地表土应当进行分层剥离、保存和利用，做到土石方挖填平衡，减少地表扰动范围；对废弃的砂、石、土、矸石、尾矿、废渣等存放地，应当采取拦挡、坡面防护、防洪排导等措施。生产建设活动结束后，应当及时在取土场、开挖面和存放地的裸露土地上植树种草、恢复植被，对闭库的尾矿库进行复垦。在干旱缺水地区从事生产建设活动，应当采取防止风力侵蚀措施，设置降水蓄

渗设施，充分利用降水资源。

5）对国家鼓励和支持的有利于水土保持的措施的规定

新《水土保持法》第三十九条规定：国家鼓励和支持在山区、丘陵区、风沙区以及容易发生水土流失的其他区域，采取下列有利于水土保持的措施：免耕、等高耕作、轮耕轮作、草田轮作、间作套种等；封禁抚育、轮封轮牧、舍饲圈养；发展沼气、节柴灶，利用太阳能、风能和水能，以煤、电、气代替薪柴等；从生态脆弱地区向外移民；其他有利于水土保持的措施。

（五）关于水土保持监测和监督

新《水土保持法》对于水土保持监测和监督的规定，主要包括水土保持监测工作的性质、经费保障、动态监测及公告制度、生产建设项目监测义务及资质要求，县级以上水行政主管部门及流域管理机构的水土保持监督检查职责、监督检查内容和程序，以及水土流失纠纷解决机制等内容。

针对原《水土保持法》中水土保持监测体系和监督措施不够完善的情况，新《水土保持法》在以下方面作了完善：国务院水行政主管部门要完善全国水土保持监测网络，对全国水土流失进行动态监测；国务院和省（区、市）人民政府水行政主管部门，应当根据水土保持监测情况，定期对水土流失状况、变化趋势、造成危害，以及水土流失预防和治理情况进行公告；县级以上人民政府水行政主管部门要加强水土保持监测工作，发挥水土保持监测工作在政府决策、经济社会发展和社会公共服务中的作用，县级以上人民政府应当保障水土保持监测工作经费；对可能造成严重水土流失的大中型生产建设项目，生产建设单位应当自行或者委托具备水土保持监测资质的机构，对生产建设活动造成的水土流失进行监测，并将监测情况定期上报当地水行政主管部门。

同时，为了更好地施行《水土保持法》，法律授予了水土保持部门监督检查的职权。法律规定“县级以上人民政府水行政主管部门负责对水土保持情况进行监督检查，流域管理机构在其管辖范围内可以行使国务院水行政主管部门的监督检查职权”。水土保持的监督检查人员依法履行监督检查职责时，有权要求被检查的单位或者个人提供有关的文件、证照、资料。被检查的单位和个人拒不停止违法行为，造成严重水土流失的，报经水行政主管部门批准，还可以采取查封、扣押实施违法行为的工具以及施工机械、设备等。

（六）法律责任

新《水土保持法》对原《水土保持法》的“法律责任”作了全面修订，由原来的9条增至12条，其中新增7条，修改5条，主要体现在四个方面：一是对新设定或修订的法律制度规定了法律责任，完善了水土保持法律责任体系：二是增加了对违法行为的处罚种类，加大了处罚力度，体现了“过罚相当”的原则；三是完善了法律责任的履行方式，加强了法律责任的可执行性和可操作性；四是与有关法律相衔接，精简了有关刑事责任、治安管理处罚、民事责任、行政复议等方面的具体规定。

新《水土保持法》不仅对违法行为人加大了处罚力度，而且增加了对水行政主管部门，或者是从事水土保持工作的行政主管部门本身的法律责任。新《水土保持法》第四十七条规定：水行政主管部门或者其他依照本法规定行使监督管理权的部门，不依法作出行政许可决定或者办理批准文件的，发现违法行为或者接到对违法行为的举报不予查处的，或者有其他未依照本法规定履行职责的行为的，对直接负责的主管人员和其他直接责任人员依法给予处分。这是水土保持工作人员要承担的法律责任，体现了法律权利和义务的对等。一方面法律赋予了行政机关很多权力，要加强监督检查，包括采取行政措施的权力。另一方面法律也对行政机关及其工作人员规定了法律责任，如果不依法行政，也要承担相应的法律责任。

（七）附则

新《水土保持法》的"附则"一章共 2 条，主要规定了地方单位水土保持工作机构的水土保持职责，以及新《水土保持法》生效日期为 2011 年 3 月 1 日。

新《水土保持法》的颁布施行，对进一步加快水土流失防治步伐，有效保护水土资源，减轻水旱风沙灾害，改善生态环境，保障经济社会的可持续发展具有十分重要的意义。

第六章　现代农田水利

第一节　农田水利的发展

植物生长必须依靠雨露的滋润,但自然降水往往不能完全满足作物生长的需要。劳动人民在与自然灾害作斗争中,创造和发展了农田水利工程,进一步由引水沟洫发展成为较大型的渠系工程。

一、先秦时期

早在夏商时期,中国人民在做农田规划的时候,已经注意到了水源问题。他们对水源情况进行调查并作出农田灌溉规划。到了商代,沟洫工程有了文字记载。西周时,沟洫工程有了发展,技术水平也有了新的进步。但总的来说,此时的农田水利工程还处于较低的水平。

中国史书记载的最早的渠系工程是淮河流域上的期思雩娄灌区,它是楚国孙叔敖在公元前605年主持修建的。《淮南子》中记载:"孙叔敖决期思之水,而灌雩娄之野。"期思之水就是今天的史河和灌河。在战国时期修建的渠系工程还有都江堰、郑国渠、漳水十二渠、智伯渠、芍陂等。

秦在未统一全国前,大力加强关中农业经济基础,辅以成都平原的开发,以及西北的畜牧、林、矿业等的利用。水利建设重点在泾、渭流域和岷江上游,最著名的是岷江上的都江堰和引泾灌溉的郑国渠。

都江堰位于岷江自峡谷进入冲积平原的交接点,在今四川都江堰市区西部。都江堰工程灌溉着都江堰市以东成都平原上的万顷农田。在都江堰工程兴建之前,这里是水旱灾害频发之地。秦昭襄王五十一年(公元前256年)李冰为蜀郡守,他在蜀大兴水利,主持兴建了都江堰这一著名水利工程。工程引岷江水灌溉成都平原广大地区,渠道同时发挥着通航、漂木等作用。成都平原以此"水旱从人,不知饥馑。时无荒年,天下谓之天府也"。都江堰工程渠道遍布成都平原各县,现在还穿过山区丘陵向东、南、北各区发展。到1949年可灌田为二三百万亩,现在已扩大到八九百万亩。

都江堰能够历经2 000多年而不废,效益有增无减,这同它的地点选择优越、布置合理、维护简便易行等是分不开的。现在看到的都江堰的布置结构是经过2 000多年整修、改进的成果,但基本技术原理古今无根本区别。

除都江堰外,李冰还有平滩险、通航运、建索桥等事迹。他在岩石开挖的施工方法上有所创造,就是用火烧岩石,然后趁热浇冷水或醋,使岩石在热胀冷缩中炸裂,便于开凿。

郑国渠是秦始皇元年(公元前246年)动工兴建的。郑国渠之所以著称于世,除规模大、兴建时间早外,还由于它对增强秦国的经济实力和完成统一大业有着直接的关系。

随着都江堰的兴建,秦国的强盛与日俱增,特别是在秦庄襄王三年(公元前 247 年),秦又攻取河东,设置了太原、上党二郡,至此,东方诸强国均受挫败,秦统一六国的条件日臻成熟。在东方诸国处于危急之时,韩国更是首当其冲,但又无可奈何,遂使用"疲秦"之计,派水工郑国劝秦国兴建大型灌溉工程。韩以为在开挖大型渠道过程中,秦会疲惫不堪,因而无力东伐,秦果然中计,命郑国主持兴建引泾水灌溉的水利工程,全长 300 余里。在渠道施工中,此计被秦发觉,秦王欲杀郑国。郑国此人颇有胆略与远见,他对秦王说,修此渠道工程只能"为韩延数岁之命,而为秦建万世之功"。秦王认为有理,命令继续施工。用了十多年的时间,渠道终于建成,并以郑国的名字命名为郑国渠。表面看来,这似乎是一件偶然事件,其实韩国的"疲秦"之计只不过是一种外因罢了。修建郑国渠的根本原因在于秦的本身,那就是为了实现统一准备物质条件的需要。

由于泾水中含有大量有机质和泥沙,随着灌溉水一起输送到农田里,可以起到改良盐碱化农田的作用,并大大提高土壤的肥力,因此郑国渠引水灌溉,实际上超出了一般灌水的意义,而具有改良盐碱地、施肥和灌水一举三得的好处。郑国渠建成后,泾水沿着渠道源源不断地灌溉着沿线的大片农田,使原来贫瘠的渭北平原,一变而为"无凶年"的沃野。郑国渠所经的今三原、高陵、泾阳、富平等地的土地得到了灌溉,亩产高达一钟之多,相当于现今亩产 125 kg 左右,这在当时生产力条件下是了不起的产量。郑国渠的建成,有力地促进了当地农业生产的发展,增强了秦国的经济实力。公元前 221 年,秦终于完成了统一的大业。

二、秦汉时期

郑国渠修成后百余年,汉武帝时期为了灌郑国渠旁边的高地,开了六条小渠,叫六辅渠。倪宽主持制定的"水令"是见于记载的中国最早水利法规。又过了十几年,到西汉太始二年(公元前 95 年)由白公主持修建了另一引泾灌溉工程,名白公渠。渠首在郑国渠之南,渠道向东至栎阳(今高陵县东北)南入渭水,长 200 里,灌田约 4 500 顷。灌区和郑国渠相连,后人合称郑白渠。这一渠道时有兴废,绵延 200 多年,为今泾惠渠的前身。

秦汉时期是中国封建社会巩固和发展的重要时期。秦统一六国,结束了诸侯割据的分裂局面,建立了中国历史上第一个统一的多民族的封建专制国家,封建经济文化得到了高速发展,而这一发展又是与当时的水利事业的发展密切相关的。

水利建设事业在秦汉时期有了蓬勃的发展,其中以建成了一系列的大型农田灌溉工程为这一时期的显著特点,显示了水利工程技术新的水平。农田水利工程的分布以关中地区为中心,同时也扩展到了西北、西南等边远地区。

随着地区经济的不断发展,黄河中下游地区的经济地位显得越来越重要,对黄河的治理要求也就更为迫切。西汉时期,黄河水灾的记载明显增多,古代劳动人民在对黄河的治理中,付出了艰巨的劳动,在治黄规划和治黄技术上,都有显著的成就,其中以东汉初年的王景治河最为著称。此外,在这一时期中,还发明了许多水力机械,灌溉水车出现了,水排的发明也比欧洲早 1 000 多年,这些都体现了中国劳动人民的勤劳和智慧。

秦王朝的统一和中央集权为动员更广大的人力、物力进行经济建设提供了有利的条件,促进了水利事业的发展。西汉前期政权巩固,经济发展较快,为水利发展奠定了基础。

到汉武帝时期，水利建设达到了高潮，工程分布以关中为中心。当时为了支援抗击匈奴的战争，着重发展西北水利；随着经济领域的进一步开发，汉水南阳地区和淮河上游地区水利也开始繁荣，尤其是汉水支流唐白河发展最为显著。唐白河一带由于气候温和，降雨量较大，适合农作物生长，所以开发较早，西汉中期，这里经济已相当发达。西汉后期这里的水利发展更是突飞猛进，成为两汉水利发展的重点地区之一。汉元帝时期的南阳太守召信臣对这一带水利有突出贡献，他在任时提出了发展经济的种种措施，尤其是大力发展灌溉。在他的领导下，几年之内，建设了数十处引水渠道，灌溉面积达200多万亩。召信臣不仅注意新建工程，而且还重视灌溉管理，制定了灌溉制度。由于发展水利，再加上其他措施，南阳地区面貌有了很大改观，召信臣因而受到百姓拥戴，被誉为“召父”。

两汉400年水利发展形成一个高潮。三国、两晋、南北朝也是400年，由于各民族大融合，后进少数民族不少是由奴隶社会刚刚进入封建社会的，而各民族统治阶级对劳动人民加紧镇压剥削，又互相争夺杀伐，整个国家动荡分裂，社会因而发展迟缓，水利事业自然受到影响，成就远不如前。但劳动人民反抗阶级压迫和向自然作斗争是不会停止的，水利还是向前发展了。北方战乱较多，人口大量南迁，并带入了较先进的农业技术，促进了江淮之间和长江以南地区的水利事业发展。和前期不同的是，北方灌溉事业在这一期间有兴有废，虽有不少创新但多为前代的延续和修复改建。南方灌溉此期多为创始，由于自然条件的差异，水利工程与北方多有不同。沿海水利、海塘及鉴湖水利，一般推源于这一时期。

三、隋唐时期

隋代是一个短暂的朝代，在其统治的30年中，也陆续兴修了一批农田水利工程，著名的有陕西的永丰渠、沁水的利民渠、芍陂灌溉系统的整修等。唐代是中国历史上一个空前强盛和繁荣的时期，此时国土辽阔，国力雄厚，生产发达。唐代的繁荣强大是建立在其发达农业的基础上的，而发达的农业与水利是分不开的。唐代所兴修的农田水利工程，无论是数量还是质量，都比前代有很大的前进和突破。中国农田水利工程的发展历史，在地理上有一个由点到面、由北到南的逐步扩大和南移的过程。隋代以前，中国兴建的农田水利工程，多集中在黄河两岸的广阔地区，而长江两岸及以南地区较为少见。到了唐代，这种情况发生了根本性的变化，黄河两岸老农业区农田水利工程仍有续建，但农田水利建设的重心开始向南方转移，特别是向太湖流域转移。从此中国历史上形成了一个新的格局，即北方开始落后于南方。农田水利工程发展的这种重心转移，成为中国人口重心向南方转移的先导。人口与水利工程的重心转移，推进了江南经济的空前繁荣，终于使江南成为中、晚唐财政收入的重点地区。

隋、唐初期，黄河流域仍然是中国的经济和文化中心。但从中唐开始，特别是到了五代十国，情况就发生了重大变化，经济文化中心明显地向南方的长江流域转移。唐末农民的大起义，瓦解了李唐王朝，之后中国历史上又出现了近半个世纪的五代十国的大分裂局面。黄河流域再次遭到严重的破坏，中原地区的水利随着战争的起伏，在破坏和恢复中挣扎。南方由于未沦为战场，经济继续有所发展。当时黄河流域由于继续受到战争的严重破坏，田畴荒废，人口南迁，而建立在长江流域及其以南地区的各封建小王朝，却由于未受战乱影响,政局相对安定,同时由于采取了某些有利于发展生产的政策,如奖励耕织、兴修水利等,使南方经济有较大的发展。

四、宋元明清时期

到了宋代,中国经济和人口的重心南移已经完成。北宋政权建立后,结束了五代十国的分裂局面,加强了中央集权制。北宋初期的农田水利建设,集中在引水灌田和疏治旧塘老堰等工程方面。从熙宁三年至熙宁九年(1070~1076年),宋神宗任用王安石进行变法。王安石大力鼓励开荒,兴修水利,并颁布农田水利法,全国很快形成水利建设的高潮,其规模之大、地区之广,实为古代所罕见。著名水利工程木兰陂灌溉工程就是这一时期修建的。木兰陂位于福建莆田西南的木兰溪上,这项工程布局巧妙,因地制宜,至今仍滋润着莆田平原20多万亩农田,是中国延用至今800年而未废的少数水利工程之一。

南宋偏安江南,对农田水利建设比较重视,积极运用国家政权进行干预,有力地促进了长江水利事业的发展。南宋兴修的农田水利,比较集中在修治陂塘沟洫、整治湖区和扩建海塘等方面。经过历代劳动人民的开发,特别是唐、宋两代以来,中国南方的经济迅速发展,成为统治政权财政收入的主要来源。

金据北方几无农田水利而言。元初统治阶级中有少部分保守、落后的豪门贵族,坚持游牧习惯,并企图用单一的牧业经济来代替农业经济,曾给中原的农业带来了很大的破坏。元代农田水利就是在农牧矛盾斗争中曲折发展的。在元代,虽然元世祖即位之始就在内地颁布了提倡农业和抑制纵牧的政策,但遇到来自蒙古游牧贵族的很大阻力。元代前期屡次下诏令重申劝农政策,正说明政策贯彻很不容易。尽管元代(特别是前期)水利灌溉事业在不少地方受到政府劝农政策的推动而取得一定的成绩,但到中期以后,还是向游牧贵族作了一些让步,这就不能不使元代农田水利事业的全面恢复和发展受到一定的限制。此外,元代在统一战争过程中,对边远地区水利事业的开发曾作出了一定的成绩。王祯的《农书》总结了这一时期劳动人民在农田水利建设方面的成就,是中国农田水利发展史上的一份珍贵的遗产。

明代开国之初即大力推动农田水利建设,特别注意恢复因战乱破坏的水利工程,农田水利因此有了长足的进步。这一时期,南方成就较北方明显,特别是长江中游圩垸的成绩最为突出。江南水利已发展到珠江流域,浙、闽、两广(广东、广西)之利超过北方。北方古灌区反而萎缩,远逊前代。定都北京后,粮食主要依仗江南。

明清两代黄河、淮河和海河流域农田水利仍维持不废,并作过新的努力。大型工程虽少见,但水利进一步普及,总的趋势是地方化和小型化。明末清初曾力图扭转南粮北运的困难局面,在海河流域一再大规模兴修水利,种植水稻;在淮河流域,解决淮河入海出路问题的里下河区水利治理,都是涉及流域范围的农田水利问题,不过成效极为有限;在黄河流域,著名的郑国渠引泾灌溉日益困难,以致被迫改引泉水灌溉,是一重大变化;而宁夏、内蒙古河套地区的渠系建设,本期都取得了引人注目的成就。清前期稳定了西北边疆,康熙后期开始恢复新疆农田灌溉工程。乾隆、嘉庆和道光年间又取得超出前代的成就,其中以坎儿井的发展最为引人注目。内蒙古河套地区也陆续建成了后套八大渠,灌溉面积共计100多万亩。珠江流域特别是珠江三角洲堤围在前代的基础上突飞猛进,成为全国又一个重点农业区。清末西方技术陆续引入,水利中虽采取了不少新手段,但工程实施的并不多。

第二节 农田水利建设状况

一、灌溉分区

我国幅员辽阔,水土资源分布和组合很不均匀,各地的农作物组成和农业生产条件差异很大,对灌溉排水的要求也不相同。按照对农作物灌溉排水的要求,可以将全国划分为三个地带。

(一)常年灌溉地带

该地带指多年平均年降水量少于400 mm的地带,约占国土面积的45%,主要包括内蒙古、新疆、青海、甘肃、陕西、宁夏、山西的大部分地区。这部分地区为干旱、半干旱地区,降水量偏少,由于缺乏足够的雨水淋洗,土壤多属碱性,并且需要常年灌溉,以保证农作物的生长需求,其灌溉需要指数(灌溉水量与农作物需水量的比值)一般均大于0.5~0.6。由于多数为碱性土地,所以需要排水,以防治盐碱地。

该地区中的西北内陆地区,大部分为戈壁沙漠,水资源主要由高山冰川和融雪形成,非常短缺。利用这些水资源开发了很少的耕地,形成了沙漠绿洲。但这一部分地区人口稀少,每公顷土地占有河川径流24 450 m^3,人均占有量为5 330 m^3,都高于全国水平,可以进一步挖掘潜力,扩大耕地面积和粮食产量,发展畜牧业。该地区中的黄河中上游地区,绝大部分为黄土高原,水土流失严重,是黄河泥沙的主要来源区,降水量200~400 mm,不足以有效地补给土壤中的水分,十年九旱;河川径流总量629亿 m^3,人均678 m^3,平均每公顷4 710 m^3,农作物必须灌溉才能保证生长;水利工作的重点是水土保持和发展灌溉,平原地区要注意排水治碱。

(二)不稳定灌溉地带

该地带平均年降水量介于400~1 000 mm,主要包括黄淮海地区和东北地区,土地面积196万 km^2,占国土面积的20.5%。这部分地区是我国主要的农产区,土壤肥沃,农业机械化程度高。该地区由于受季风气候的影响,降水量的频次、强度等具有随机性,因此降水在年际间的变化很大,一般表现为连续多年丰水或连续多年枯水,因而农作物的灌溉需水量年际变化较大,各地区差异也很大。对于旱作物,黄淮海地区和东北的西部灌溉需要指数可达到0.5以上,而黄河以南地区和东北的东部,基本上不需要灌溉;水稻则必须灌溉才能保证生长,其灌溉需要指数为0.5左右。该地区内的旱作物区排涝要求很高,且不稳定,与降水量有关,不稳定灌溉地带的农业发展必须有灌溉保证和排涝保证。

(三)水稻灌溉地带

该地带平均年降水量大于1 000 mm,主要包括长江中下游地区,珠江、闽江地区和西南部分地区。该地区水量充沛,土壤多为酸性,土地面积344万 km^2,占国土面积的34.5%,是我国主要的农作区,特别是水稻种植区,农业十分发达,人口密集。水稻一般都需要补充灌溉,灌溉需要指数一般在0.3~0.6。一般年份旱作物不需要灌溉,但遇到干旱年份则需要灌溉，灌溉需要指数为0.1～0.3。由于水量充沛，所以排水要求高于前两个地带。总的来看，该地区虽然水量较多，但由于面积较大，地形复杂，降水时空分布不均，所以不同的地区有不同的特点，灌溉要求也不尽相同。如多数平原地区，主要以防洪排涝为主，而丘陵坡地则以发展灌溉和防冲、排渍为主。有的地方还会发生秋旱和伏旱，所以本地区内灌溉的作用主要是扩大水稻种植面积、提高复种指数和粮食产量。

二、农田水利建设状况

我国的农田水利灌溉可追溯到远古时期，早期的农田水利工程多集中在黄河两岸，后来建设重心逐渐南移，形成了新的格局。

著名的都江堰工程位于四川省都江堰市，是世界上历史最长的无坝引水工程。始建于秦昭襄王末年（约公元前256年至公元前251年），秦蜀守李冰主持兴建。工程以灌溉为主，兼有防洪、水运、城市供水等多种效益。经不断完善，目前成为由鱼嘴（分水工程）、飞沙堰（溢流排沙工程）和宝瓶口（引水工程）三大主体工程组成的无坝引水枢纽。2 000多年来，枢纽工程发挥了有效的引水、防沙和排洪等综合作用。尤其是新中国成立后，对都江堰工程进行了较大改建，灌区有了大规模的发展。加固了鱼嘴、飞沙堰、宝瓶口三大工程，调整和改建了内外江几条大干渠的引水口，新建了外江闸、沙黑河闸和工业取水口，在老灌区修建了50余座重要分水枢纽，改造了3万多条旧渠道。都江堰灌区由1949年的19.2万 hm^2 发展到20世纪80年代的近73万 hm^2，并在新灌区相应建造了黑龙滩、三岔、鲁班、继光等10座大中型水库，300余座小型水库，以及许多渠系建筑物、中小型水电站和扬水站，为当地工农业生产作出了重要的贡献。

新中国成立后，开展了大规模的农田水利建设，在发展农田灌排工作中，在引进国外先进的科学技术、设备，并加以消化吸收的同时，针对农业生产中急需解决的问题进行重点研究和联合攻关，使我国农田水利科学技术迅速发展，所取得的主要成果包括：喷微灌和低压管道输水灌溉等节水灌溉技术的理论和应用研究，中低产田改造和发展地下暗管排水的试验研究以及地下水、土壤水运动规律等理论研究，排灌工程经济分析和经济评价的理论研究与推广研究，灌溉工程优化决策和现代化管理的理论与技术研究。此外，针对缺水地区的区域和灌区水资源评价、农业水资源开发利用、全国主要农作物需水量等值线图等应用基础研究做了大量工作。

我国北方地区缺水严重，机井灌溉是农田灌溉的主要方式。自1988年国务院批转水利部《关于依靠群众合作兴修农村水利的意见》以来，我国农田水利事业进入了一个新的蓬勃发展时期，特别是1989年国务院连续发布了《关于大力发展农田水利基本建设的决定》和《关于依靠科技进步振兴农业和加强农业科技成果推广工作的决定》，突出强调农田水利基本建设要依靠科学。农田水利事业的迅猛发展主要表现在以下几个方面：①20世纪70年代初期北方地区连年大旱以后，为保障粮食生产，扭转南粮北调的局面，国务院紧急成立打井抗旱办公室，在北方17省（区）开展了大规模的打井抗旱运动。从1973年到1980年，共打井220万眼，发展灌溉面积800万 hm^2，使井灌面积达到1 133万 hm^2。目前，全国有机井330万眼，井灌面积1 400万 hm^2，其中纯井灌933万 hm^2，年提取地下水500多亿 m^3。开发利用地下水不仅保证了北方地区农业生产在连续多年干旱条件下持续增长，还基本上解除了当地的渍涝和次生盐碱化危害。②泵站提水灌溉也得到了较大发展，现在我国泵站提水灌溉面积1 300多万 hm^2，每年提水量600多亿 m^3。③许多农田靠地表水自流灌溉，如水库、塘坝、河道引水灌区等。④节水灌溉得到了大力发展。

经过近50年的发展，农田水利建设取得了巨大成绩。到1996年底，全国共有有效灌溉面积5 038万 hm^2，旱涝保收面积3 719万 hm^2，机电排灌面积3 289万 hm^2，但在20世纪80年代，灌溉面积长期徘徊，最近几年才缓慢增加，而灌溉用水量基本稳定下来，并有所减少。灌溉用水量在全国总用水量中所占比例也逐步下降。

中国农田灌溉事业目前面临的问题是：①管理制度不健全，管理不严，灌排设施老化失修，效益衰减；②水资源浪费严重，水资源短缺和农业灌水技术落后，水的有效利用率只有40%左右，全国灌区年缺水300亿 m^3，因缺水少收粮食300多亿kg；③洪涝干旱灾害频繁，进入20世纪90年代，旱灾更加严重，平均每年受旱面积达到2 670万 km^2 左右，经济损失巨大；④水资源污染严重，环境恶化，也严重影响了农业的发展。上述问题成为当前中国农业发展的主要制约因素。

三、常见的灌溉工程类型

常见的灌溉工程有以下几种。

（一）蓄水工程

蓄水工程主要是指全国大大小小的水库，这些水库的大多数具有防洪、灌溉、发电、供水、水产养殖等多种功效。除此之外，还有星罗棋布的多种形式的小型蓄水工程，如南方地区的塘堰工程，北方地区的旱井、涝池、水窖等。

（二）自流引水灌溉工程

自流引水灌溉工程是最早出现的灌溉工程，如2 000多年以前修建的都江堰、郑国渠等工程。自流引水灌溉工程大多位于河流两岸，如黄河上的宁夏灌区、河套灌区，河南和山东在黄河两岸也修建了大量的自流引水灌溉工程。新疆的坎儿井是采用地下暗沟输水灌溉的一种特殊形式的自流灌溉工程。

（三）提水工程

提水工程是将水用提灌站引到农田中进行灌溉的工程。目前全国的提灌站有以下几种：南方地区的排灌兼用或单纯排水的泵站，北方地区的机井提灌，黄土高原的高扬程提灌站，丘陵地区的中小型提灌站。

四、常见的排水工程

在某些地方地下水位很高，为了降低地下水位，防止盐碱地的发生，需要对农田进行排水。农田排水工程可以分为明沟排水、暗管排水、竖井排水三类。

（一）明沟排水

在农田中开挖明沟进行排水。明沟排水系统包括干、支、斗、农、毛各级排水沟道，以及相应的排水控制建筑物。明沟排水工程具有施工简单、见效快等优点，但沟道占地多、易于淤积和垮塌，排地下水必须挖深沟。因此，许多地方用明沟排地面水，用暗管排地下水。

（二）暗管排水

在农田中布置地下管道排水的方法。一般包括吸水管、集水管、检修井和排水控制设备。与明沟排水相比，其优点是占地少，不影响农田耕作和交通，建筑物少；缺点是需要较多的管材，造价高。

（三）竖井排水

利用水井抽取地下水，降低和控制地下水位，起到防止盐碱的作用。如果地下水水质较好，则可将排出来的水补充到灌溉水中，但如果地下水矿化度较高（咸水地区），则需要将排出来的水排出区外，不能用于灌溉。

第三节　灌溉排水管理

一、灌溉用水管理

灌溉用水管理是灌溉管理的中心，其首要任务就是实行计划用水，合理调配水量，达到节水的目的。计划用水是根据农作物需水规律、农业生产安排、灌溉水源情况、灌区工程条件进行有计划的引水、蓄水和配水。无论是大灌区还是小灌区，都要实行计划用水，做好用水管理工作。实施计划用水，要进行认真的调查研究与分析预测，充分地吸取当地先进经验，做到因地制宜和简便可行。用水计划的主要内容是合理确定各时期渠首的引水流量，向各级渠道或用水单位的配水流量、配水顺序及配水时间等。在水源和降水情况多变而又缺乏调蓄工程的灌区，应编制较短时段的用水计划，如按季节或灌次编制用水计划。在执行用水计划时如遇到特殊变化，则应根据情况的变化，及时修改用水计划。

（一）灌区用水计划的编制

用水计划是灌区（干渠）从水源取水并向各用水单位（县、乡、村或农场）或各渠道配水的计划，它包括灌区取水计划和配水计划两部分。用水计划系由灌区或渠系管理机构编制，可分为年度用水计划和季度用水计划或轮灌期的用水计划。年度用水计划在灌溉年度开始前编制，它是根据基层用水组织的用水申请，制订全年引水量及灌溉任务的简略计划，综合平衡供需水量（不做渠道流量分配），作为全年管理工作的依据。季度或轮灌期的用水计划是年度用水计划的分期实施计划，在每季度或轮灌期灌水前编制，是主要根据基层用水组织提出的用水计划，结合灌区的具体情况制订的每季或轮灌期的灌溉任务和引水配水计划。编制灌区用水计划一般采用下述方法步骤：

（1）在灌溉季节以前，由用水单位提出用水申请书或基层用水单位的用水计划，呈报灌溉管理部门。

（2）灌溉管理部门根据当年的蓄水和引水情况、气象预报资料以及用水单位的用水要求等，对全灌区的来水、用水进行平衡计算，并采取相应措施对供需水量加以修正，使之保持平衡。

（3）根据修正后的水量平衡计划，编制灌区供水计划。由于水量平衡计划的基础之一是长期气象预报，且编制的时段较长，因此可能与实际情况有较大的出入。灌区供水计划一般按季度编制，如春灌用水计划或夏灌用水计划等，也有分次编制的，即在每次用水以前编制。这样可使编制的计划与实际情况比较接近。实际上,灌区供水计划是水量平衡计划的进一步修正。

(4)编制渠系配水计划,将计划的供水量按一定顺序、一定时间、一定流量分配给各级渠道和用水单位。

(二)渠系年度用水计划的编制

渠系年度用水计划是基层管理单位编制用水计划的依据。主要内容有:①灌溉任务指标,如灌溉任务、渠系利用系数、灌溉效率等;②主要农作物的灌溉制度;③综合平衡供需水量;④贯彻计划的措施。

根据上述的基本内容来看,编制年度用水计划需进行很多工作,诸如收集灌区内地形、土壤、水文、气象、水文地质、作物种植计划、机井分布等基本资料;进行作物需水量的分析与计算,确定作物灌溉制度和灌区净灌溉用水量;其他用水量(如水力加工、工业用水、生活用水、畜牧业用水、林业用水等)分析;灌溉水源来水分析及平衡供需水量的措施等。

(三)渠系配水计划的编制

将渠首计划引取的水量由上而下地逐级分配给各级渠道或用水单位,包括应分配的流量、水量、用水次序和用水时间等,小型灌区只编一级计划,大、中型灌区分二、三级编制计划。以按二级编制计划为例,由灌区管理机构编制向各管理站(段)的配水计划,将渠首引取的水量分配给各管理站(段);再由管理站(段)编制渠段配水计划,将水按顺序、时间分配给各支、斗渠。

(四)用水计划的执行

贯彻执行用水计划,是计划用水工作的中心任务。在执行用水计划方面,各灌区都根据各自的具体情况与条件,制定出实施办法,并取得很多成功的经验。综合归纳各地在工程配套,并认真执行用水计划方面的做法,大致有以下各项。

1. *准备工作*

(1)开展宣传教育工作。计划用水是一项群众性的技术工作和组织工作,管理机构应通过各种形式广泛宣传,使广大群众真正了解团结用水、科学用水、节约用水的好处,宣传实行计划用水对增产、省水、改良土壤、提高劳动生产率和降低灌溉成本的作用。

(2)建立健全灌区各级用水管理组织。这是执行用水计划的组织保证。不仅要有专业管理机构,更需注意建立各级民主管理机构。有些灌区还成立护渠队、浇地队等专业组织或专管人员。

(3)建立健全各项用水制度。良好的用水秩序是贯彻执行用水计划的重要条件。要维护良好的用水秩序,必须以合理的规章制度来保证。主要的用水制度有灌溉用水制度,引水、配水制度,节约用水制度,用水交接制度以及群众灌水公约等。

(4)渠道及建筑物的整修工作。停水期间要认真检查维修各级渠道、建筑物,使其完整无缺,保证安全按时输水。

(5)做好量水准备工作。检查量水设施是否齐全、完好。

(6)做好技术培训工作。各级管理单位都要有计划地对各类管理人员分别进行灌溉技术培训。

2. 水量调配工作

灌区水量调配的原则是:“水权集中、统筹兼顾、分级管理、均衡受益”。具体办法是:按照作物种植面积、计划灌水定额、各级渠道水的利用系数分配水量。

3. 计划用水总结

为了掌握用水计划的执行情况,检查计划用水的成效,肯定成绩,及时发现问题,从中总结出经验教训,改进并提高用水管理水平,必须及时进行总结。

二、排水管理

在灌区中,排水管理和灌溉管理具有同等重要的位置。特别在南方圩区,排水管理尤为重要。如果重灌轻排,不仅灌溉达不到预期的增产效果,而且会引起地下水位上升,招致土壤盐碱化或使作物遭受渍害。因此,重视并做好排水管理工作,对充分发挥灌溉工程效益,促进农业增产具有重要意义。

(一)排水渠(沟)道管理

1. 不均匀沉陷和裂缝

沟道地质条件变化处、沟道与建筑物连接处和施工质量欠佳处等,都是容易造成不均匀沉陷甚至导致裂缝的地方,运行中应注意检查,防止发生事故。

2. 渗漏

排水沟道一般都比较深,如果发现沟坡出现异常渗漏现象,应及时处理,以避免坍塌溃决。故在日常管理中,应注意检查观察,监视渗漏及其形态的变化,发现问题立即处理。对有防渗设施的沟道,应按设计的技术要求进行管理。

3. 坍塌和滑坡

坍塌和滑坡多由于渗漏、沟坡太陡、冲刷和震动等引起。这是造成排水沟道淤积的主要原因之一。在运行期间应注意观测,停水期间应加强维修养护或进行改善,以确保沟道安全排水。

4. 淤积与冲刷

沟道在使用中有时会出现个别沟段发生淤积或冲刷现象。应针对产生淤积或冲刷的原因进行处理。例如针对淤积的原因,可采用控制流入沟道的水流含沙量,及时清除阻碍水流的杂草、砖石、瓦块等堆积物,加大易淤段的纵坡或其他加大流速措施等。对冲刷段可加以砌护,或减小纵坡,或加大断面等。

5. 禁止各种有碍渠道安全和正常运行的行为

禁止在排水沟道中打坝蓄水,如因抗旱需要而蓄水者,除应控制蓄水位外,必须在排水前清除;禁止在沟道内倾倒垃圾、工业废料及其他腐烂杂物;不得在沟道内放牧、毒鱼、炸鱼。

(二)排水系统中建筑物的管理

各级排水沟的建筑物有节制闸、跌水、陡坡、桥涵等,在排水干沟出口,还可能修建排水闸、排水站等。暗管系统中除各种排水管道外,还有节制闸门、集水井、沉沙井、进水口、出水口等工程。对排水工程的管理应注意以下几点:

(1)各类排水工程应根据各自的技术特性,严格执行运行规程和操作细则。

(2)暗管排水工程及渠下涵等,其防淤是管理工作中的主要内容。除定期清淤(尤其是排水沟道由于沟坡受大雨冲刷或因渗漏坍塌淤积)外,还应制定防淤措施及防淤运行方式,以避免淤积。

(3)对渠下涵及暗管排水中的主干管道,应注意检查四周有无集中渗漏现象,防止涵洞及管道因漏水,使基础发生沉陷,以致影响工程的安全。

(4)建筑物常见的损坏现象有沉陷、裂缝、漏水、倾斜和剥蚀等,须定期检查。如发现这些现象,应做出处理方案,及时处理。

(5)为了防止建筑物受到人为的损害,建筑物的闸墩、侧墙、工作桥和行人桥等,禁止堆放重物或修建其他建筑物,避免地基应力发生变化,影响建筑物本身稳定。

(三)土壤水盐动态的观测与分析

灌溉排水工程建成以后,通过对土壤水盐动态监测,可以对工程效果进行检验,对可能发生的次生盐碱化进行预测预报。

土壤水盐动态观测可在不同自然条件、不同工程和不同农业生物措施条件下进行,如渠灌沟排、井灌井排、排咸补淡等。通过观测可以确定作物不同生长阶段适宜的防盐时间,确定地下水临界深度,确定适宜的沟深、沟距及排水工程的标准等。

为了定期监测地下水位和水质的变化情况,在灌区应设置观测井网。在明沟的出、入口安置量水设备,定期测定沟中的流量和水质。根据观测的地下水位和水质资料,以及排水流量、灌溉用水量、降雨量等,就可以定期进行灌区水量平衡计算,分析灌区地下水盐变化动态,发现问题,找出规律,为排水系统的管理运用提供科学依据。

第七章　水利工程

第一节　水利工程的分类

水利工程是指为控制和调配自然界的地表水与地下水、达到除害兴利目的而修建的工程。可同时为防洪、供水、灌溉、发电等多种目标服务的水利工程，称为综合利用水利工程。修建水利工程，既可以在时间上重新分配水资源，做到防洪补枯，以防止洪涝灾害和发展灌溉、发电、供水、航运等事业；又可以在空间上调配水资源，使水资源与人口和耕地资源的配置趋于合理，以缓解水资源缺乏的问题。

水利工程所承担的任务通常不是唯一的，而是具有多种作用和目的的，其组成的建筑物也是多种多样的，因此水利工程也称为水利枢纽。按其承担的任务，水利工程主要可分为以下几类。

一、河道整治与防洪工程

河道整治主要是通过整治建筑物和其他措施，防止河道冲蚀、改道或淤积，使河流的外形和演变过程都能满足防治与兴利等各方面的要求。一般防治洪水的措施是采用“上拦下排，两岸分滞”的工程体系。

“上拦”是防洪的根本措施，不仅可以有效防治洪水，而且可以综合开发利用水土资源。主要包括两个方面：一是在山地丘陵地区进行水土保持，拦截水土，有效地减少地面径流；二是在干、支流的中上游兴建水库拦蓄洪水，使下泄流量不超过下游河道的过流能力。

水库是重要的防洪工程。作为一种蓄水工程，水库在汛期可以拦蓄洪水，削减洪峰，保护下游地区安全，拦蓄的水流因水流抬高而获得势能并聚集形成水体，可以用来满足灌溉、发电、航运、供水和养殖等需要。

“下排”就是疏浚河道，修建堤防，提高河道的行洪能力，减轻洪水的威胁。虽然这是治标的方法，不能从根本上防治洪水。但是在“上拦”工程没有完全控制洪水之前，筑堤防洪仍是一种重要的、有效的工程措施。同时，要加强汛期堤防的管理、防护等工作，确保安全。

“两岸分滞”是在河道两岸适当位置，修建分洪闸、引洪道、滞洪区等，将超出河道安全泄流量的洪水通过泄洪建筑物分流到该河道下游或其他水系，或者蓄于低洼地区（滞洪区），以保证河道两岸保护区的安全。滞洪区的规划与兴建应根据实际发展情况、人口因素、地理情况和国家的需要，由国家统筹安排。为了减少滞洪区的损失，必须做好通信、交通和安全措施等工作，并做好水文预报，只有在万不得已时才运用分洪措施。

二、水力发电工程

水力发电工程是指将具有巨大能量的水流通过水轮机转化为机械能，再通过发电机将机械能转换为电能的工程措施。

水力发电的两个基本要素是落差和流量。天然河道水流的能量消耗在摩擦、旋转等作用中。为了能有效地利用天然河道水流的能量，需采用工程措施，修建能集中落差和调节流量的水工建筑物，使水流符合水力发电的要求。在山区常用的水能开发方式是拦河筑坝，形成水库，水库既可以调节径流又可以集中落差。在坡度很陡或有瀑布、急滩、弯道的河段，或者上游不许淹没时，可以沿河岸修建引水建筑物（渠道、隧洞）来集中落差和调节流量，开发和利用水能。

三、农业水利工程

农业是国民经济的基础。通过建闸、修渠等工程措施，可以形成良好的灌、排系统，调节和改变农田水利状态、水利条件，使之符合农业生产发展的需要。农业水利工程一般包括取水工程、输水工程和排水工程。

取水工程是指从河流、湖泊、地下水等水源适时适量地引取水量用于农田灌溉的工程。在河流中引水灌溉时，取水工程一般包括抬高水位的拦河坝（闸）、控制引水的进水闸、排沙用的冲沙闸、沉沙池等。当河流流量较大、水位较高能满足引水灌溉要求时，可以不修建拦河坝（闸）。当河流水位较低又不宜于修建坝（闸）时，可以修建提灌站来提水灌溉。

输水工程是指将一定流量的水流输送并配置到田间的建筑物综合体，如各级固定渠道系统及渠道上的涵洞、渡槽、交通桥、分水闸等。

排水工程是指各级排水沟上的建筑物。其作用是将农田内多余的水分排到一定范围以外，使农田水分保持适宜状态，满足通气、养料和热状态的要求，以适应农作物的正常生长。

四、供水和排水工程

供水是将水从天然水源中取出，经过净化、加压，用管网供给城市、工矿企业等用水部门；排水是排除工矿企业及城市废水、污水和地面雨水。城市供水对水质及供水可靠性要求很高，排水必须符合国家规定的污水排放标准。

我国水资源不足，现有供、排水能力与科技和生产发展以及人民物质文化生活水平的不断提高不相适应，特别是城市供水与排水的要求愈来愈高；水质污染问题也加剧了水资源的供需矛盾，而且恶化环境，破坏生态。

五、航运工程

航运包括船运和筏运（木、竹浮运）。发展航运对物资交流、繁荣市场、促进经济和文化发展是很重要的。它的运费低廉，运输量大。内河航运有天然的水道（河流、湖泊等）和人工水道（运河、河网等）两种。

利用天然河道通航，必须进行河道疏浚、河床整治，改善河流的弯曲情况，设立航道标志等，建立稳定的航道。当河道通航深度不足时，可以通过拦河建闸、建坝抬高河道水位；或利用水库进行径流调节，改变水库下游的通航条件。人工水道是人们为了改善航道条件开挖的人工运河、河网及渠化河流，可以缩短航程，节约人力、物力、财力。人工水道除可以通航外，还有综合利用的效益，例如，运河可以作为水电站的引水道、灌溉干渠、供水的输水道等。

六、环境水利工程

一些水利专家根据多年工作实践加以理论总结，将人类水利史重新划分为与古代水利、近代水利、现代水利不同的原始水利、工程水利、资源水利、环境水利四个阶段。

（一）原始水利

原始水利是水资源开发的原始阶段，以解决人类生活生存为主要目的，主要是修堤防洪、挖渠灌溉，但是拦洪只能是拦一小部分洪水，灌溉也只能小范围灌溉。

（二）工程水利

工程水利是水资源开发的初级阶段，其活动集中在修建各类调蓄工程和配套设施，对水资源进行失控调节，实现供水管理。

（三）资源水利

资源水利是水资源开发的中级阶段，主要特征是以宏观经济为基础，通过市场经济和政府来合理配置、优化调度，控制水资源的利用方式，限制水资源的过度需求，提倡节约用水，提高其利用率，以维持经济的持续增长。

（四）环境水利

环境水利既解决与水利工程有关的环境问题，也解决与环境有关的水利问题，在水资源的利用已接近水资源的承载力时，人类对水资源的影响和改善最为活跃，需加强水资源和水环境的保护，以保障社会经济发展的用水需求和水资源的可持续利用。

水利工程还包括保护和增进渔业生产的渔业水利工程；围海造田，满足工农生产或交通运输需要的海涂围垦工程等。

第二节　水利枢纽及水工建筑物

一、水利枢纽

为了综合利用水资源，最大限度地满足各用水部门的要求，实现除水害、兴水利的目标，必须对整个河流和河段进行全面综合开发、利用和治理规划，并根据国民经济发展的需要分阶段分步骤地建设实施。为了满足防洪要求和获得灌溉、发电、供水等方面的效益，需要在河流适宜地段修建各种不同类型的建筑物，用于控制和支配水流，这些建筑物统称为水工建筑物。集中建造的几种水工建筑物配合使用，形成一个有机的综合体，称为水利枢纽。

一个水利枢纽的功能可以是单一的，如防洪、灌溉、发电、引水等，但多数是同时兼有几种功能，称为综合水利枢纽。如果水工建筑物所组成的综合体覆盖相当大的一个区域，其中不仅包括一个水利枢纽，而且包括几个水利枢纽形成一个总的系统，那么这个综合体便称为水利系统。

我国目前正在建设中的南水北调中线工程，计划从汉江丹江口水库引水，沿伏牛山及太行山东侧开渠，自流输水到河南、河北、北京和天津，输水总线长达1 200 km。二期工程还要引江补汉（从长江引水补汉江因调水而水量不足），是大规模的跨流域的调水工程系统。

二、水利枢纽的组成建筑物

一个水利枢纽究竟要包括哪些组成的建筑物，应由河流综合利用规划中对该枢纽提出的任务来确定。例如，为满足防洪、发电及灌溉的要求，需要在河流适宜地点修建拦河坝，用以抬高水位形成水库，调节河道的天然流量，把河道丰水期的水储蓄在水库中供枯水期引用，即把洪水期河道不能容纳的部分洪水存储在水库里，以便削减河道的洪水流量，防止洪水灾害的发生。另外，在运行过程中还可能遇到水库容纳不下的洪水，这就需要建造一个宣泄洪水的通道，叫作溢洪道或者泄洪隧洞。当用拦河坝的一段兼作溢洪道时称为溢流坝。为了引用库中蓄水以供农田灌溉和城市供水或进行水力发电等，还要建造通过坝身的引水管道或穿过岸边山体的引水隧洞；为了发电、供电，还要建造水电站等。

由于水利枢纽承担的任务不同，其组成建筑物的规模、类型和数目也会有很大差异，枢纽中建筑物的种类、尺寸、相互位置与当地的地形、地质、水文及施工等条件也有着密切关系。另外，需要说明的是，防洪、发电，灌溉等各部门对水的要求不尽相同，如：城市供水和航运部门要求均匀供水，而灌溉和发电需要按指定时间放水；工农业及生活用水需要消耗水量，而发电则只是利用了水的能量。又如：防洪部门希望尽量加大防洪库容，以便能够拦蓄更多的洪水；而用水部门则希望扩大兴利库容，以提高供水能力，等等。为了协调上述各部门之间的矛盾，在进行水利枢纽规划时，应当在流域规划的基础上，根据枢纽工程所在地区的自然条件、社会经济特点以及近期与远期国民经济发展的需要等，统筹安排，合理开发水资源，做到以最小的投资来最大限度地满足国民经济各个部门的需要，充分发挥水利枢纽的综合效益。

三、水工建筑物的分类

水工建筑物的种类繁多，形式各异，按其在枢纽中起的作用可以分为以下几种类型。

（一）挡水建筑物

挡水建筑物用于拦截江河，形成水库或壅高水位。例如各种材料、类型的坝和水闸；为防御洪水或者阻挡海潮，沿江河海岸修建的堤防、海塘等。

（二）泄水建筑物

泄水建筑物用于宣泄多余水量，排放泥沙和冰凌，或为人防、检修而放空水库等，以保证坝和其他建筑物的安全。水利枢纽中的泄水建筑物可以与坝体结合在一起，如各种溢流坝、坝身泄水孔；也可以在坝体以外，如各式岸边溢洪道和泄水隧洞等。

（三）输水建筑物

输水建筑物是为满足灌溉、发电和供水需要，从上游向下游输水用的建筑物，如引水隧洞、引水涵管、渠道、渡槽、倒虹吸等。

（四）取水建筑物

取水建筑物是输水建筑物的首部建筑，如引水隧洞的进口段、灌溉渠首和供水用的进水闸、扬水站等。

（五）整治建筑物

整治建筑物用于改善河流的水流条件，调整水流对河床的作用，以及防护水库、湖泊中波浪和水流对岸坡的冲刷。如丁坝、顺坝、导流堤、护底和护岸等。

（六）专门建筑物

专门建筑物是为灌溉、发电、过坝需要而兴建的建筑物。如专为发电用的压力前池、调压室、电站厂房，专为渠道或航道设置的沉沙池、冲沙闸，以及专为过坝用的船闸、升船机、鱼道、过木道等。

应当指出的是，有些水工建筑物的功能并非单一，难以严格区分其类型，如各种溢流坝既是挡水建筑物，又是泄水建筑物；水闸既可挡水，又能泄水，有时还作为灌溉首渠或供水的取水建筑物，等等。

四、水工建筑物的特点

水利工程的水工建筑物与一般土木工程的工业与民用建筑物相比，除具有工程量大、投资多、工期长等特点外，还具有以下几方面的特点。

（一）工作条件的复杂性

由于水作用的复杂性，水工建筑物的工作条件比一般工业与民用建筑物复杂得多。首先，天然来水的大小由水文分析确定，水文条件对工程规划、枢纽布置、建筑物设计和施工都有重要影响，要在代表性、一致性和可靠性资料的基础上，进行合理的分析与计算，作出正确的估计。其次，水对建筑物产生作用力，包括静水压力、动水压力、浮压力、浪压力、冰压力及地震动力水压力等。因此，建筑物需要有足够的强度和抗滑稳定能力，以保证工程安全运行。水工建筑物上、下游存在水位差时，将在建筑物内部及地基中产生渗透水流，导致对建筑物稳定不利的渗透压力，还可能引起渗透变形破坏；过大的渗流还会造成水库严重漏水，影响工程效益和正常运行。因此，水工建筑物一般都应认真解决防渗问题。泄水建筑物的过水部分，水流的流速往往比较高，高速水流可能对建筑物产生空蚀、振动以及对河床产生冲刷。因此，在进行泄水建筑物设计时，需要选择合理的结构和妥善解决消能防冲等问题。

水流往往挟带泥沙，这样带来许多问题：造成水库淤积，减少有效库容；产生泥沙压力，加大建筑物荷载；使闸门淤堵，影响正常启闭；使河道淤积，影响行洪、航道，渠道淤积减小输水能力等；含有泥沙的高速水流，还会对过水建筑物和水力机械产生磨损，造成破坏。因此，水工建筑物的设计必须认真研究泥沙问题。除上述水的机械作用外，还要注意水的其他物理化学作用。例如：水对建筑物钢结构部分的腐蚀（氧化、生锈），渗透水对混凝土或浆砌石结构的石灰质的溶滤作用，以及混凝土中空隙水的周期性冻结和融化的破坏作用等。

水工建筑物的型式、构造和尺寸，与建筑物所在地的地形、地质、水文、建筑材料储量等条件密切相关。但是几乎没有两个工程的地形条件完全相同，地质条件更是不尽相同。在岩石地基中经常遇到节理、裂隙、断层、破碎带、软弱夹层等地质构造；在土基中也可能遇到压缩性大、强度低的土层或者流动性强的细砂层。为此，必须周密勘察、正确判断，提出合理、可靠的处理措施。由于水工建筑物工程量大，建筑材料应就地取材，以降低工程造价。由于自然条件的千差万别，为适应不同的自然条件，除非小型工程的建筑物，一般不能采用定型设计。当然，水工建筑物中某些结构部件的标准化则是可能而且必要的。

(二)受自然条件约束，施工难度大

在河道中建造水工建筑物，比在陆地上进行土木工程施工难度大得多。第一，要解决复杂的施工导流问题，也就是迫使原河道水流按特定通道下泄，以创造并维持工程建设的施工空间，这是水工建筑物设计和施工中的一个重要课题；第二，工程进度紧迫，截流、度汛需要抢时间，赶进度，与洪水“赛跑”，有时需要在特定时间内完成巨大的工程量，否则就要拖延工期，甚至造成损失；第三，施工技术复杂，如大体积混凝土的温控措施和复杂地基的处理等；第四，地下、水下工程多，施工难度大；第五，机械设备部件大，建筑材料用量多，交通运输比较困难，特别是高山峡谷地区更为突出；第六，大中型水利工程的施工场面大，工种多，因而场地布置、组织管理工作也十分复杂。

(三)工程效益大，对周围的影响大

水工建筑物，特别是大型水利枢纽的兴建，将会给国民经济带来显著的经济效益和社会效益。例如：丹江口水利枢纽建成后，防洪、发电、灌溉、航运和养殖等效益十分显著。在防洪方面，大大减轻了汉江中、下游的洪水灾害；在发电方面，从 1968 年 10 月到 1983 年底就发电 524 亿 kWh，经济效益达 34 亿元，相当于工程造价的 4 倍，还为河南、湖北灌溉农田 1 100 万亩，为南水北调创造了条件。黄河小浪底水利枢纽建成后，在防凌、减淤、供水、发电等方面发挥了重要作用，产生重大的社会效益和经济效益。据估计，除得到符合社会折现率 12% 的社会盈余外，还可为国家创造 78 亿元的超额盈余。举世瞩目的长江三峡水利枢纽建成后，在防洪、发电、航运、旅游等各方面产生了巨大效益，并对中国的国民经济建设产生深远的影响。

(四)失事后果的严重性

作为蓄水工程主体的坝或江河的堤防，一旦失事决口，将会给下游人民的生命财产和国家建设带来巨大的损失。据统计，近年来全世界每年的垮坝率虽较过去有所降低，但仍在 0.2% 左右。1975 年 8 月河南省遭遇特大洪水，加之板桥、石漫滩两座水库垮坝，使下游 1 100 万亩农田受淹，京广铁路中断，死亡人数达 9 万人，损失十分严重。大坝失事主要原因，一是洪水漫顶，二是坝基或结构出现问题，两者各占失事总数的 1/3 左右。应当指出的是，有些水工建筑物的失事与某些难以预见的自然因素或人们当时认识能力和科技水平限制有关，也有些是对勘测、试验、研究工作重视不够或施工质量欠缺所致，后者必须加以杜绝。鉴于水利工程和水工建筑物的失事会给下游人民的生命财产与工农业生产带来巨大损失，因此从事勘测、规划、设计、施工、管理等方面的工程技术人员，必须要有高度负责的精神和责任感，既要解放思想敢于创新，又要实事求是按科学规律办事，确保工程安全和充分发挥工程效益。

第三节 挡水建筑物

挡水建筑物主要指坝、堤、堰和闸,有时候水电站厂房也参与挡水。拦河坝按其建筑材料可分为混凝土坝、土石坝和浆砌石坝,混凝土坝可分为重力坝、拱坝和支墩坝等型式。本节着重介绍重力坝、拱坝、土石坝。

一、重力坝

重力坝是主要依靠坝体自重产生的抗滑力来满足稳定要求的挡水建筑物。在世界坝工史上最古老,也是采用最多的坝型之一。

我国已建的重力坝有刘家峡、新安江、三门峡、丹江口、丰满、潘家口、三峡、龙滩等。其中三峡混凝土重力坝和龙滩混凝土重力坝分别高达181 m和216.5 m。

重力坝坝轴线一般为直线,垂直坝轴线方向设置横缝,将坝体分成若干个独立工作的坝段,以免因坝基发生不均匀沉降和温度变化而引起坝体开裂。为了防止漏水,在缝内设多道止水。重力坝的横剖面一般做成上游面接近铅直的近三角形断面,结构受力形式为固结于坝基上的悬臂梁,坝基要求布置防渗排水设施,如图7-1所示。

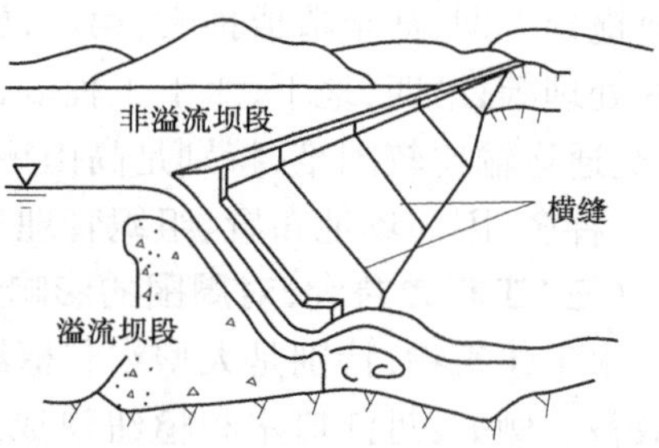

图7-1 重力坝结构示意图

(一)重力坝的工作特点

重力坝是用混凝土或浆砌石修筑的大体积挡水建筑物。其正常工作时,依靠坝体自身重量在坝体与地基接触面上产生的抗滑力,来抵抗由坝上、下游水位差产生的水平推力而达到稳定要求;利用坝体自重在水平截面上产生的压应力来抵消由于水压力等荷载所引起的拉应力以满足强度要求。但坝基或坝体最大压应力应小于坝基或坝体的允许压应力。

重力坝与其他坝型相比,在施工和运行中,具有以下特点。

(1)对地形、地质条件的适应性较好。任何形状的河谷都可以修建重力坝。地质上除承载力低的软基和难以处理的断层、破碎带等结构的岩基外,均可建重力坝。

(2)重力坝便于解决泄洪及导流问题。由于筑坝材料的抗冲能力强,其施工期可以利用较低坝块或预留底孔导流,坝体可以溢流,也可以在坝内设置泄水孔,重力坝一般不需要另设河岸式溢洪道。

(3)重力坝结构简单,体积大,有利于机械化施工。由于断面尺寸大,材料强度高,耐久性能好,抵抗洪水漫顶、渗漏、地震及战争破坏能力强,安全性较高。

(4)传力系统明确,便于分析与设计。运行期间的维护及检修工作量较少。

(5)受扬压力影响大,需采取专门的防渗、排水设施及温控设施。由于坝体与地基的接触面大,相应坝底扬压力也较大。向上的扬压力抵消了部分坝体重量,对坝体稳定不利，故用有效的防渗、排水设施，以减少扬压力，节省工程量。对混凝土重力坝，因其水泥用量大，水泥水化热引起混凝土温度升高，可能导致坝体产生裂缝。在施工中，为控制温度应力，常采用较复杂的温控措施。

（二）重力坝的类型

重力坝按其结构形式可分为实体重力坝、宽缝重力坝、空腹重力坝等，如图7-2所示。

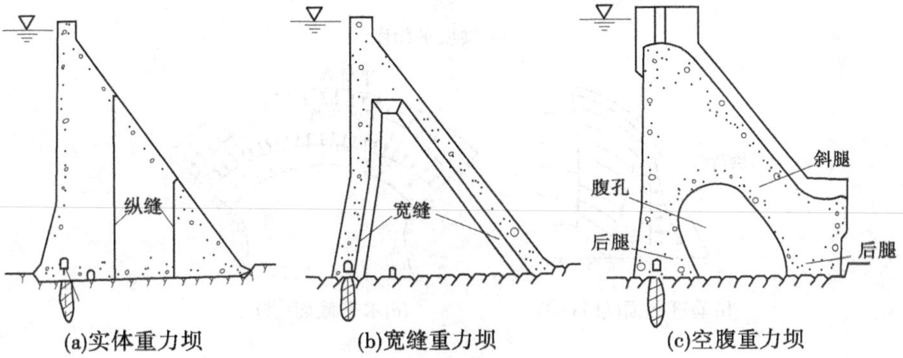

图7-2　重力坝类型图

实体重力坝结构简单，其优点是设计和施工均较方便，坝体稳定，应力计算明确；缺点是扬压力大，工程量较大，坝体材料的强度不能充分发挥，易造成浪费。

宽缝重力坝与实体重力坝相比，具有降低扬压力、节省工程量（节省方量10%～20%）和便于坝内检查及维护等优点；缺点是施工较为复杂，模板用量较多。

空腹重力坝可进一步降低扬压力，节省工程量，并可以利用坝内空腹布置水电站厂房，坝顶溢流宣泄洪水，利于解决在狭窄河谷中布置发电厂房和泄水建筑物的矛盾。其缺点是腹孔附近可能存在一定的拉应力，局部需要配置较多的钢筋，施工也比较复杂。

二、拱坝

拱坝的坝体向上游凸出，平面上呈拱形，拱端支撑于两岸山体上的混凝土或浆砌石的整体结构。其竖向剖面可以直立，或有一定的弯曲。它能把上游水压力等大部分水平荷载通过一系列凸向上游的水平拱圈的作用传给两岸岩体，而将其余少部分荷载通过一系列竖向悬臂梁的作用传至坝基。它不像重力坝要有足够大的体积靠自重维持稳定，而是充分利用了筑坝材料的抗压强度和拱坝两岸拱端的反力作用，见图7-3。拱坝是经济性和安全性均很优越的坝型。

（一）拱坝的工作特点

1. 结构特点

拱坝是一空间壳体结构，坝体结构可近似看作由一系列凸向上游的水平拱圈和一系列竖向悬臂梁所组成。坝体结构既有拱的作用又有梁的作用。其所承受的水平荷载一部分由拱的作用传至两岸岩体，另一部分通过竖直梁的作用传到坝底基岩。

拱坝两岸的岩体部分称作拱座或坝肩；位于水平拱圈拱顶的悬臂梁称作拱冠梁，一般

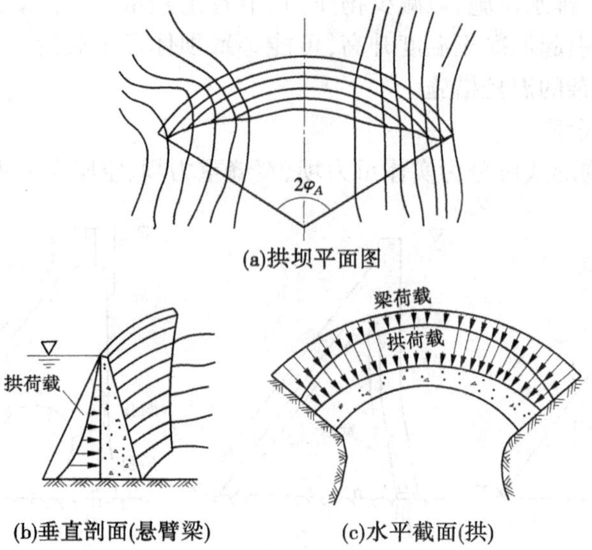

图 7-3 拱坝结构示意图

位于河谷的最深处。

2. 荷载特点

拱坝坝身不设永久伸缩缝,其周边通常固接于基岩上,因而温度变化和基岩变化对坝体应力的影响较显著,必须考虑基岩变形的影响,并将温度荷载作为一项主要荷载。

3. 稳定特点

拱坝的稳定性主要是依靠两岸拱端的反力作用。

4. 内力特点

拱结构是一种推力结构,在外荷载作用下内力主要为轴向压力,有利于发挥筑坝材料(混凝土或浆砌石)的抗压强度,坝体厚度相对较薄。对于有条件修拱坝的坝址,修建拱坝与修建同样高度的重力坝相比,坝体工程量一般可节省 1/3 ~2/3。

拱坝是一高次超静定结构,当坝体某一部分产生局部裂缝时,坝体的梁作用和拱作用将自行调整,坝体应力将重新分配。所以,只要拱座稳定可靠,拱坝的超载能力是很高的。混凝土拱坝的超载能力可达设计荷载的 5 ~11 倍。如意大利的瓦伊昂拱坝,坝高 262 m,底厚 23 m,厚高比为 0.087,建成后由于库岸大滑坡,2.7 亿 m^3 的滑坡体滑入仅 1.5 亿 m^3 库容的水库内,激起巨大涌浪,涌浪越过坝顶,引起巨大震动,而瓦伊昂拱坝仍安全屹立。拱坝的抗震能力也比较强,国内外都有拱坝在受到强烈地震而坝体未曾受到破坏的例子。

5. 性能特点

拱坝坝体轻韧,弹性较好,故抗震性能也是很高的。拱坝是一种安全性能较高的坝型。

6. 泄洪特点

在泄洪方面,拱坝不仅可以在坝顶安全溢流,而且可以在坝身开设大孔口泄水。目前坝顶溢流或坝身溢流的单宽流量已超过 200 $m^3/(s \cdot m)$。

7. 设计和施工特点

拱坝坝身单薄,体形复杂,设计和施工的难度较大,因而对筑坝材料强度、施工质量、施工技术以及施工进度等方面要求较高。

我国在拱坝建设方面积累了丰富的经验。1949 年以后开始大规模修建拱坝,响洪甸重力拱坝是我国第一座高拱坝,坝高 87.5 m。流溪河拱坝是我国第一座混凝土双曲拱坝,坝高 78 m。1999 年于四川建成的二滩双曲拱坝,坝高 240 m,该拱坝的建成是我国拱坝史上的一个重要标志。

我国在已建成如二滩双曲拱坝、青海龙羊峡重力拱坝(高 178 m)、新疆石河子砌石拱坝(高 112 m)等众多拱坝的基础上,又于 2002 年开工建设了位于澜沧江上的小湾双曲拱坝,坝高 292 m,电站总装机容量 420 万 kW,成为继三峡工程之后新的世界之最,它标志着中国在高拱坝的勘测、设计、施工等方面已取得很大的进展。

砌石拱坝具有水泥用量较少,可以就地取材,施工技术要求较低,便于广大群众掌握等优越点,因而在我国曾得到迅猛发展,主要用于中小拱坝,对我国的坝工建设起到重要作用。截至 1999 年,我国高于 15 m 的砌石拱坝共计 1 538 座,占拱坝总数的 90% 以上。但 20 世纪 80 年代以后已明显减少。

(二)拱坝的类型

按最大坝高处的坝底厚度 T 和坝高 H 之比(厚高比)分类,拱坝可分为薄拱坝($T/H<0.2$)、中厚拱坝($T/H=0.2\sim0.35$)、厚拱坝($T/H>0.35$)。

按拱坝体型分为单曲拱坝和双曲拱坝。

三、土石坝

土石坝是利用当地土石料填筑而成的一种挡水坝,故又称为当地材料坝。

当坝体材料以土和沙砾为主时,称土坝;以石渣、卵石、爆破石料为主时,称堆石坝;当两类材料均占相当比例时,称土石混合坝。

土石坝得以广泛应用和发展的主要原因是:

(1)可以就地取材,节约大量水泥、木材和钢材,几乎任何土石料均可筑坝。

(2)能适应各种不同的地形、地质和气候条件。

(3)大功率、多功能、高效率施工机械的发展,提高了土石坝的施工质量,加快了进度,降低了造价,促进了高土石坝建设的发展。

(4)岩土力学理论、试验手段和计算技术的发展,提高了大坝分析计算的水平,加快了设计进度,进一步保障了大坝设计的安全可靠性。

(5)高边坡、地下工程结构、高速水流消能防冲等设计和施工技术的综合发展,对加速土石坝的建设和推广也起了重要的促进作用。

(一)土石坝的工作特点

由于土石坝是由松散颗粒体填筑而成的,因而与其他坝型相比,在稳定、渗流、冲刷、沉降等方面具有不同的特点和设计要求。

1. 坝坡稳定

在水平水压力作用下,土石坝一般不会发生沿坝基而整体滑动。其失稳形式是坝坡连同部分地基(土基)一起滑动。造成坍滑的主要原因是土粒间的抗剪强度小,而坝坡过陡,引起剪切破坏;或坝基的抗剪强度太小,承载力低,引起坝体与坝基一起滑动。坝坡滑动会影响土石坝的正常工作,严重的将导致工程失事。设计时应合理选择坝坡和防渗排水设施,严格控制施工质量和做好地基处理。

2. 渗流

由于散粒体结构间存在较大空隙,坝体挡水后,在上下游水位差的作用下,库水将经过坝体及坝基(包括两岸)向下游渗透。渗流在坝体内形成的自由水面称浸润面,坝体横断面与浸润面的交线称浸润线。浸润线以下为饱和渗流区,浸润线以下的土体受到水的浮力作用,减小了坝体的有效重量,并使土体的抗剪强度指标降低,对坝坡稳定不利。当渗透坡降或渗透流速超过一定界限时,还会引起坝体或坝基的渗透变形破坏,严重的会导致土石坝失事。另外,渗透流量过大也会影响水库的蓄水。设计时应采取防渗排水措施,减少渗漏,保证渗流稳定性。

3. 冲刷

土石坝为散粒体结构,颗粒间的黏结力很小,抗冲刷能力很弱。当坝坡受到波浪、雨水冲刷时,易产生坍塌。设计时应该设置护坡和坝面排水设施。为防止漫顶,坝顶应有一定的超高。同时,在布置泄水建筑物时,注意进出口离坝坡要有一定的距离,以免泄水时对坝坡造成冲刷。

4. 沉降

由于填筑的土石料内存在着空隙,易产生相对运动,在坝体自重和水荷载的作用下,坝体和坝基都会由于压缩变形而产生沉降。均匀沉降使坝顶高程不足,不均匀沉降会使坝体开裂。坝身沉降值可通过计算确定,施工时应严格控制碾压质量。

5. 其他

严寒地区水库水面冬季结冰膨胀对坝坡产生很大推力,导致护坡的破坏;地震惯性力也会增加滑坡和液化的可能性。对此,应采取相应的保护措施。

(二)土石坝的类型

1. 按坝高分类

土石坝按坝高可分为:高度在 30 m 以下的为低坝,高度在 30 ~ 70 m 的为中坝,高度超过 70 m 的为高坝。

2. 按施工方法分类

土石坝按施工方法可分为碾压式土石坝、水中填土坝、水力冲填坝、定向爆破堆石坝等,其中碾压式土石坝应用最多。

3. 按防渗体的材料和在坝体内的位置分类

土石坝按防渗体的材料和在坝体内的位置可分为均质坝和土质防渗体分区坝,如图 7-4 所示。

(1)均质坝。坝体基本上由一种土料(壤土、沙壤土)填筑而成。整个坝体剖面起防渗作用,见图 7-4(a)。

(2)土质防渗体分区坝。坝体由若干透水性不同的土料分区构成。用透水性较好的砂石料作坝壳,防渗性较好的黏土作防渗体。防渗体设在坝体中部或稍上的称为心墙或

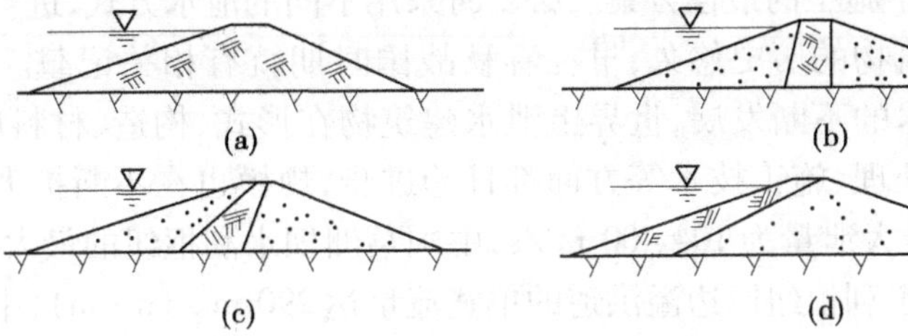

图 7-4　土石坝类型图

斜心墙坝，见图 7-4(b)、(c)；土质防渗体靠近上游斜坡面的称为斜墙坝，见图 7-4(d)。

第四节　泄水建筑物

泄水建筑物是指宣泄水库、河道、渠道、涝区超过调蓄或承受能力的洪水或涝水，以及泄放水库、渠道内的存水，以利于安全防护或检查维修的水工建筑物。常用的泄水建筑物有：①低水头水利枢纽的滚水坝、拦河闸（泄水闸）和冲沙闸。②高水头水利枢纽的溢流坝、溢洪道、泄水（底）孔、泄水涵管、泄水隧洞。③由河道分泄洪水的分洪闸、溢洪堤。④由渠道分泄入渠洪水或多余水量的泄水闸、退水闸。⑤由涝区排泄涝水的排水闸、排水泵站等。泄水建筑物是保证水利枢纽和水工建筑物安全、减免洪涝灾害的重要的水工建筑物。

由混凝土或浆砌石坝构成的水利枢纽，一般将坝的一部分做成溢流坝，有时还在坝内设置了泄水（底）孔；由土石坝构成的水利枢纽，有的则在坝内设置泄水涵管，这些都称为坝身式泄水建筑物。土石坝水利枢纽中更为常用的是在岸边垭口处设置的溢洪道和在岸边山体中开挖的泄洪隧洞，称为岸边式泄水建筑物。

泄水建筑物的泄水方式有堰流和孔流两种。通过溢流坝、溢洪道、溢洪堤和全部开启的水闸的水流属于堰流，通过泄水隧洞、泄水涵管、泄水（底）孔和局部开启的水闸的水流属于孔流。

溢流坝、溢流道、溢洪堤、泄水闸等泄水建筑物的进口为不加控制的开敞式溢流孔或由闸门控制的开敞式闸孔。泄水隧洞、坝身泄水（底）孔、坝身泄水涵管等泄水建筑物的进口淹没在水下，需设置闸门，由井式、塔式、岸塔式或斜坡式的进口设施来控制启闭。

泄水建筑物中的堰流和孔流多为高速水流。为防止对坝身的磨损特别是空蚀破坏，应做好堰面和孔口的体形设计，控制表面的不平整度，采用抗冲耐磨材料，必要时设置通气槽等通气减蚀措施。还必须注意高速水流引起闸门振动的问题。

泄水建筑物出口应结合泄流方式、流量流速大小、下游水位以及地形地质条件，选用合适的消能防冲措施，使出口水流的流态以及冲坑、雾化等现象不致影响坝身和岸坡的安全及水电站、航道的正常工作。

泄水建筑物的布置形式和轮廓设计等取决于水文、地形、地质以及泄水流量、泄水时间、上下游限制水位等任务和要求。设计时，一般先选定泄水形式，拟订若干个布置方案和轮廓尺寸，再进行水力和结构计算，与枢纽中其他建筑物进行综合分析，选用既能满足泄水需要又经济合理、便于施工的最佳方案。必要时采用不同的泄水方式,进行方案优选。

中国修建泄水建筑物的历史悠久,早在春秋战国时期就有相关记载。随着实践经验的不断丰富和科学技术的不断发展,世界上泄水建筑物在形式、构造、材料以及消能防冲、防空蚀、抗振动、地基处理、施工技术等方面都日趋进步,规模也在不断扩大。如巴西库鲁依工程泄水建筑物的最大泄量为104 400 m^3/s,中国葛洲坝水利枢纽的最大泄量达110 000 m^3/s,巴基斯坦门格拉水利枢纽岸边溢洪道的单宽流量达290 $m^3/(s\cdot m)$,中国东江水电站右岸滑雪道式溢洪道采用窄缝式挑流消能,窄缝收缩段始端的单宽流量为151 $m^3/(s\cdot m)$,末端则达604 $m^3/(s\cdot m)$。

第五节 著名水利枢纽及大坝

一、长江三峡水利枢纽

(一)工程概况

三峡水利枢纽位于中国长江干流三峡中的西陵峡,坝址在湖北省宜昌市三斗坪,距三峡出口南津关38 km,在葛洲坝水利枢纽上游40 km,是开发和治理长江的关键性骨干工程,具有防洪、发电、航运等巨大的综合效益,是世界上最大的水利枢纽工程。

枢纽控制流域面积100万 km^2,占长江流域总面积的56%。坝址多年平均流量14 300 m^3/s,实测最大洪水流量71 100 m^3/s,历史最大洪水流量105 000 m^3/s,多年平均悬移质输沙量5.3亿t。坝区地壳稳定,地震基本烈度Ⅵ度。坝址区河谷开阔,谷底宽约1 000 m,河床右侧有中堡岛,将长江分为大江和后河。两岸谷坡平缓,冲沟发育,岩石风化壳较厚。坝址基岩为坚硬的前震旦纪闪云斜长花岗岩,强度高,断层不发育,裂隙规模较小,以陡倾角为主,微风化和新鲜岩体的透水性微弱。坝址具备修建高坝的良好地质条件。

(二)枢纽布置

三峡水利枢纽主要建筑物由大坝、水电站和通航建筑物三大部分组成,见图7-5和图7-6。

枢纽主要建筑物设计洪水标准为1 000年一遇,洪峰流量为98 800 m^3/s;校核洪水标准为10 000年一遇加10%,洪峰流量124 300 m^3/s,相应设计和校核水位分别为175 m和180.4 m。地震设计烈度为Ⅶ度。

拦河大坝为混凝土重力坝,大坝轴线全长2 309.5 m,最大坝高181 m。大坝右侧茅坪溪防护坝为沥青混凝土心墙沙砾石坝,最大坝高104 m。泄洪坝段居河床中部,前沿总长483 m,设有23个深孔和22个表孔以及22个后期需封堵的临时导流底孔。深孔尺寸为7 m×9 m,进口底高程90 m,表孔净宽8 m,溢流堰顶高程158 m,下游采用鼻坎挑流方式消能。导流底孔尺寸6.0 m×8.5 m,进口底高程56~57 m。枢纽在校核水位时最大泄洪能力为120 600 m^3/s。

电站坝段位于泄洪坝段两侧,进水口尺寸为11.2 m×19.5 m,进水口底高程为108 m。压力管内径为12.4 m,采用钢衬钢筋混凝土联合受力的结构形式。水电站装机容量

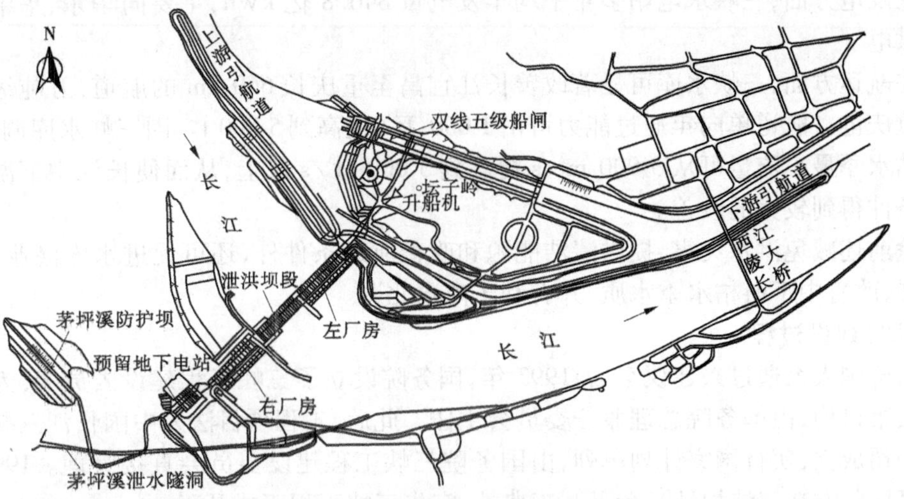

图 7-5　三峡水利枢纽平面示意图

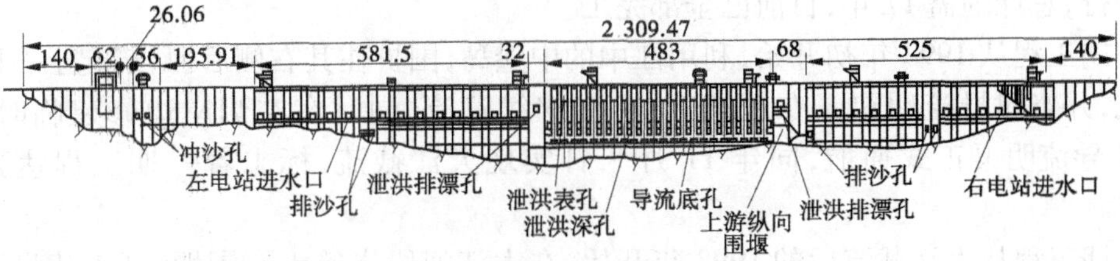

图 7-6　三峡水利枢纽上游立视图　（单位：m）

1 820 kW，采用坝后式厂房，设有左、右两组厂房，共安装 26 台水轮机发电机组。左岸厂房全长 643.7 m，安装 14 台水轮机组；右岸厂房全长 584.2 m，安装 12 台水轮发电机组。水轮机为混流式，机组单机额定容量为 70 kW。三峡水电站以 500 kW 交流输电线路和 ±500 kV 直流输电线路向华东、华中、华南送电，电站出线共 15 回（左岸厂房 8 回，右岸厂房 7 回）。右岸山体内预留地下厂房的位置，后期扩机 6 台，总容量 420 kW。

三峡工程通航建筑物包括永久船闸和升船机，均位于左岸山体内，永久船闸为双线五级连续梯级船闸，单级闸室有效尺寸长 280 m、宽 34 m，坎上最小水深 5 m，可通过万吨级船队。升船机为单线一级垂直提升，承船厢有效尺寸长 120 m、宽 18 m，水深 3.5 m，一次可通过一艘 3 000 t 的客货轮。

（三）工程效益

三峡水利枢纽具有很大的防洪、发电和航运效益。

在防洪方面，枢纽地理位置优越，可有效地控制长江上游洪水，对中下游平原区，特别是对荆江地区的防洪起着决定性的不可替代的作用。工程建成后有效防洪库容 221.5 亿 m^3，可使荆江河段的防洪标准由现状的 10 年一遇提高到 100 年一遇；遇 1 000 年一遇或更大洪水，配合荆江分洪等蓄洪工程的运用，可防止荆江河段发生干堤溃决的毁灭性灾害，还可大大提高长江中下游防洪调度的机动性和可靠性，减轻中下游洪水淹没损失和对武汉市的洪水威胁，并可为洞庭湖区的根本治理创造条件。

在发电方面，三峡水电站多年平均年发电量 846.8 亿 kWh，主要向华东、华中和华南地区供电。

在航运方面，三峡水库可显著改善长江宜昌至重庆长 660 km 的航道，万吨级船队可直达重庆港。航道单向年通过能力可由 1 000 万 t 提高到 5 000 t。因三峡水库调节，宜昌下游枯水季最小流量可从 3 000 m^3/s 提高到 5 000 m^3/s 以上，从而使长江中下游枯水季航运条件得到较大的改善。

除前述减免洪水灾害、提供清洁能源和改善航运条件外，还可促进水库渔业、旅游业的发展，改善中下游枯水季水质，并有利于南水北调。

（四）建设过程

在全国人大通过兴建议案后，1993 年，国务院设立了三峡工程建设委员会，为工程的最高决策机构，由国务院总理兼任委员会主任。此后，工程项目法人中国长江三峡工程开发总公司成立，实行国家计划单列，由国务院三峡工程建设委员会直接管理。1994 年 12 月 14 日，各方在三峡坝址举行了开工典礼，宣告三峡工程正式开工。

三峡工程的总体建设方案是“一级开发，一次建成，分期蓄水，连续移民”。工程共分三期进行，总计约需 17 年，目前已全部完工。

一期工程从 1993 年初开始，利用江中的中堡岛，围护住其右侧后河，筑起土石围堰深挖基坑，并修建导流明渠。在此期间，大江继续过流，同时在左侧岸边修建临时船闸。1997 年导流明渠正式通航，同年 11 月 8 日实现大江截流，标志着一期工程达到预定目标。

二期工程从大江截流后的 1998 年开始，在大江河段浇筑土石围堰，开工建设泄洪坝段、左岸大坝、左岸电厂和永久船闸。在这一阶段，水流通过导流明渠下泄，船舶可从导流明渠或者临时船闸通过。到 2002 年，左岸大坝上下游的围堰先后被打破，三峡大坝开始正式挡水。2002 年 11 月 6 日实现导流明渠截流，标志着三峡全线截流，江水只能通过泄洪坝段下泄。2003 年 6 月 1 日起，三峡大坝开始下闸蓄水，到 6 月 10 日蓄水至 135 m，永久船闸开始通航。7 月 10 日，第一台机组并网发电，到当年 11 月，首批 4 台机组全部并网发电，标志着三峡二期工程结束。

三期工程在二期工程的导流明渠截流后就开始了，首先是抢修加高一期工程时在右岸修建的土石围堰，并在其保护下修建右岸大坝、右岸电站和地下电站、电源电站，同时继续安装左岸电站，将临时船闸改建为泄沙通道。整个工程现已全部完工。

（五）工程移民

移民是三峡工程最大的难点，在工程总投资中，用于移民安置的经费便占到了 45%。当三峡蓄水完成后，将会淹没 129 座城镇，其中包括万州、涪陵等两座中等城市和十多座小城市，会产生 113 万移民，在世界工程史上绝无仅有，并且如果库尾水位超出预计，还会再增加新的移民数量。移民的安置主要通过就地后靠或者就近搬迁来解决，但后来发现，水库淹没了大量耕地，从而导致整个库区人多地少，生态环境趋于恶化，于是对农村人口又增加了一种移民方式，就是由政府安排，举家外迁至其他省市居住，目前已经有大约 14 万名库区移民迁到了上海、江苏、浙江、安徽、福建、江西、山东、湖北（库区外）、湖南、广东、重庆（库区外）、四川等省（市）生活。

为解决移民问题,政府在20世纪80年代中期曾筹备设立三峡省予以统筹管理,但后来考虑到该地区较为贫困,新成立的省恐难以实现经济自立,并且湖北省抵制情绪严重,方案最终只得作罢。到了三峡工程正式开工后,为促进占库区移民总数85%的重庆市在移民问题上的积极性和主导性,中央政府决定推动重庆升格为直辖市,并在1997年3月14日由全国人大以88%的赞成票通过。重庆直辖市于当年6月14日正式成立,包括了原四川省的重庆、万州、涪陵和黔江四个地区的范围,因此它虽然被称为市,但实质上更接近于省。

三峡工程实行"开发性移民"模式,即在移民的同时,也伴随进行大规模的基础设施建造和产业建设,根本目的是要改善民众的生活水平。其经费除由三峡建设基金拨付外,三峡总公司在电站投产后的若干年内每年也要支付给地方政府一笔资金用于移民安置。此外,国家还要求全国的21个省(市),每个省(市)对口支援三峡库区的一个县。

(六)泥沙问题

由于有三门峡水电站的前车之鉴,因此泥沙问题始终是三峡工程技术讨论的重中之重。据测算,长江上游江水每立方米含沙1.2 kg左右,每年通过坝址的沙量在5亿t以上。在三峡工程未建前,这些泥沙大量淤积在曲折的荆江河段,抬高了河床水位,并危胁到整个江汉平原和洞庭湖平原的安危。

当三峡水库形成后,受水势变缓和库尾地区回水影响,泥沙必然会在水库内尤其是大坝和库尾(回水的影响)淤积。不过乐观者认为,长江的含沙量有季节性差异,汛期江水中的含沙比例比枯水期来得大,因此三峡水电站可以采用"蓄清排浑"的方法来应对,即在汛期时加大排水量使浑水出库,在枯水季节大量蓄积清水,便可以减少泥沙在水库内的淤积。这种方式与目前水电站的一般运行方式基本一致,所以不用过于担心三峡的泥沙淤积问题。他们认为在三峡蓄水的初期,排沙比例只有30%~40%,将发生轻度淤积,但主要是填充死库容,影响不大,随着水库运行时间的增长,排沙比例会逐渐提高,在80~100年后,将基本达到平衡,不再出现新的淤积,旧有淤积也可以通过由临时船闸改建的泄沙通道和加强疏浚等方法清理。那时水库将依然保持90%左右的库容,不会对发电、航运以及沿岸城镇尤其是重庆造成大的不良影响,而且随着长江上游植树造林、水土保持工作的进展,江水的泥沙含量也将缓慢下降。

但是工程的反对者认为,长江上游河流所携裹的除了泥沙,还有颗粒较大的鹅卵石,在三峡大坝筑起后将极难排出,会造成堵塞,并向上游延伸,进而影响重庆。此后在2002年10月,国务院批准由三峡总公司承建长江上游干流金沙江上的乌东德、白鹤滩、溪洛渡和向家坝等四座巨型水电站,其建设目的之一就是分担三峡库区的泥沙淤积,减缓三峡库区的泥沙淤积速度,这也再度引起一些人对三峡泥沙问题的担忧。

二、隔河岩水利枢纽

(一)工程概况

坝址控制流域面积14 430 km^2,占全流域面积的85%,多年平均流量403 m^3/s,年径流量126亿m^3,多年平均输沙量971万t。枢纽主要水工建筑物设计洪水标准为1 000年一遇洪水,洪峰流量22 800 m^3/s,相应库水位203.14 m;校核洪水标准为10 000年一遇,洪峰流量 27 800 m^3/s,相应库水位 204.59 m。水库正常蓄水位 200 m,相应库容 31.2 亿 m^3,死水位 160 m,兴利库容 19.75 亿 m^3。

坝址处两岸山顶高程 500 m 左右,枯水期河面宽 110～120 m,河谷下部 50～60 m 岸坡陡立,河谷上部右陡左缓,为不对称峡谷。大坝基础地层为寒武系石龙洞灰岩,岩性致密坚硬,基岩内断层、层间剪切带及岩溶系统等较发育。坝区地震基本烈度为Ⅵ度,设计烈度为Ⅶ度。

(二)枢纽布置

枢纽工程由混凝土重力拱坝、泄水建筑物、右岸引水式水电站和左岸垂直升船机组成。主坝坝顶高程 206 m, 坝顶全长 665.45 m,最大坝高 151 m。两岸布置重力坝段,左岸坝肩高程 120～138 m 的建基面上设置重力墩;河床为三心单曲、上重下拱复合重力拱坝,外圆弧半径 312 m,下游坝坡 1:0.5～1:0.7。河床中部拱顶高程 181 m,向两岸逐渐下降,左岸至重力墩顶 150 m,右岸至岸边 160 m,拱顶以下横缝灌浆,形成不同灌浆高程的拱坝,拱顶以上横缝不灌浆,呈重力坝工作状态,下游坝坡 1:0.7,两者之间设过渡段衔接。对于影响两岸拱座稳定的软弱结构面,采用阻滑键、传力柱及加强山体排水等措施处理。

泄水建筑物集中布置在大坝的河床中部,溢流前缘长度 188 m。共设 7 个表孔、4 个深孔和 2 个兼作导流的放空底孔。表孔堰顶高程 181.8 m,孔口尺寸为 12 m×18.2 m。深孔孔底高程 134 m,孔口尺寸为 4.5 m×6.5 m。底孔孔底高程 95 m,孔口尺寸为 4.5 m×6.5 m。各式孔口均采用弧形闸门控制操作,并在其上游设平板检修闸门。表孔体形采用不对称宽尾墩,深孔体形采用窄缝挑流鼻坎。表孔在设计和校核条件下的泄洪能力分别为 17 050 m^3/s 和 19 000 m^3/s。枢纽最大泄流能力为 24 000 m^3/s。防渗帷幕线路长 1.5 km,总进尺 25.17 万 m。

(三)工程效益

枢纽主要任务是发电,装机 4×30 万 kW,年发电量 30.4 亿 kWh,保证出力 18.7 万 kWh。在清江干流梯级电站全部建成后,年发电量可增至 32.9 亿 kWh,保证出力达 28.7 万 kW,在华中电网主要起调峰调频作用,改善供电质量。枢纽第二个任务是防洪,清江流域地处长江中游暴雨中心,历史上洪水灾害频繁,又恰好在长江的荆江河段上游约 20 km,加之清江洪水常与长江洪水遭遇,更加重了荆江河段的洪水威胁,清江洪峰流量最大可达长江的 15%。隔河岩水库留有 7 亿～8 亿 m^3 的防洪库容,以 1969 年型清江洪水为例,可将洪峰流量 18 600 m^3/s 削减至 1 300 m^3/s,大大减轻洪水对清江下游及长江河段的威胁。

枢纽第三个任务是航运。清江滩多流急,陡涨陡落,航运十分困难,在其下游的反调节枢纽——高坝洲枢纽建成后,水库将淹没险滩,形成长达 150 km 的深水航道,300 t 级船队可从长江直达库区,将有力地促进鄂西地区的社会经济发展。

此外,清江流域广布碳酸盐类岩石,峻岭重叠,奇峰座座,山清水秀,瀑布巨流,景色十分壮丽。两岸溶洞发育,绵延不断,如已发现的利川县腾龙洞,高宽上百米,蜿蜒迂回长达数十千米。洞内有山有水,石笋千姿百态,钟乳石和石幔组成许多奇观异景。随着清江流域的开发,沿江可形成独特的国家山水公园,国内外游客将纷至沓来。

（四）建设过程

水电站位于右岸，引水式地面厂房，4 条直径为 9.5 m 的隧洞接直径 8 m 的压力钢管，单洞单机，分别接至 4 台 300 MW 的混流式水轮机组。隧洞采用预应力混凝土衬砌。厂房和压力钢管开挖形成 170 m 的高边坡，采用混凝土局部置换、设置预应力锚束及加强山体排水等措施处理。

通航建筑物位于左岸，是中国第一座高升程 300 t 级过坝的垂直升船机。设计最大年货运量为 340 万 t，总升程 124 m。工程分为两级，第一级为大坝挡水前缘的一部分，升程 42 m；第二级位于左岸下游河滩，升程 82 m，与中间错船渠和下游河道相衔接。升船机采用全平衡钢丝绳卷扬系统，承船厢有效水域尺寸 42 m×10.2 m×1.7 m，带水总重 1 400 t。

施工采用一次断流、汛期基坑过水的导流方式。导流分初期和后期两个阶段。初期导流阶段，枯水期围堰挡水，导流隧洞泄流；汛期围堰过水与导流隧洞联合泄流。后期导流阶段，枯水期由坝体挡水，底孔泄流；汛期由坝体预留缺口，与底孔和深孔联合泄流。

主体工程量：土石方明挖 841.67 万 m^3，洞挖 66.2 万 m^3，混凝土浇筑 392.79 万 m^3，帷幕灌浆 25.17 万 m，固结灌浆 19.13 万 m，钢材 2.7 万 t。

工程于 1987 年初开工兴建，1993 年 6 月第 1 台机组发电，1994 年 11 月 4 台机组全部并网发电，1994 年底基本建成，1997 年枢纽工程通过竣工验收，工程运行情况良好。

工程静态投资 35.83 亿元，总投资 51.69 亿元，单位千瓦投资 4 300 元。

三、黄河小浪底水利枢纽

（一）工程概况

黄河小浪底水利枢纽工程位于河南省洛阳市孟津县小浪底，在洛阳市以北黄河中游最后一段峡谷的出口处，南距洛阳市 40 km，上距三门峡水利枢纽 130 km，下距河南省郑州花园口 128 km，是黄河干流三门峡以下唯一能取得较大库容的控制性工程。黄河小浪底水利枢纽工程是黄河干流上的一座集减淤、防洪、防凌、供水灌溉、发电等为一体的大型综合性水利工程，是治理开发黄河的关键性工程，属国家“八五”重点项目。小浪底水利枢纽工程浩大，总工期 11 年。

（二）枢纽布置

小浪底工程由拦河大坝、泄洪建筑物和引水发电系统组成，见图 7-7。

小浪底工程拦河大坝采用斜心墙堆石坝，设计最大坝高 154 m，坝顶长度为 1 667 m，坝顶宽度 15 m，坝底最大宽度 864 m。坝体填筑量 51.85 万 m^3、基础混凝土防渗墙厚 1.2 m、深 80 m。其填筑量和混凝土防渗墙均为国内之最。坝顶高程 281 m，水库正常蓄水位 275 m，库水面积 272 km^2，总库容 126.5 亿 m^3。水库呈东西带状，长约 130 km，上段较窄，下段较宽，平均宽度 2 km，属峡谷河道型水库。坝址处多年平均流量 1 327 m^3/s，输沙量 16 亿 t，该坝建成后可控制全河流域面积的 92.3%。

泄洪建筑物包括 10 座进水塔、3 条导流洞改造而成的孔板泄洪洞、3 条排沙洞、3 条明流泄洪洞、1 条溢洪道、1 条灌溉洞和 3 个两级出水消力塘。由于受地形、地质条件的限制，所以均布置在左岸。其特点为水工建筑物布置集中，形成蜂窝状断面，地质条件复杂，混凝土浇筑量占工程总量的 90%，施工中大规模采用新技术、新工艺和先进设备。

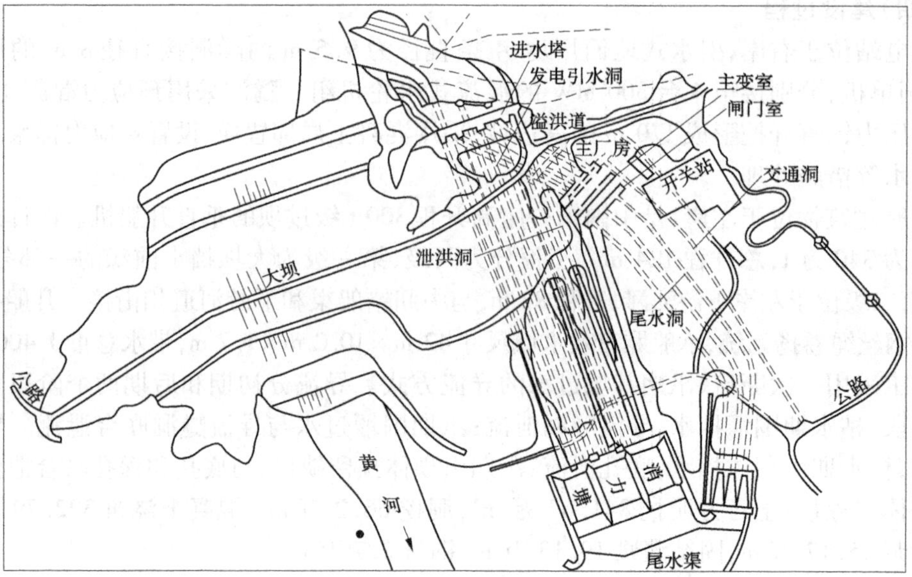

图 7-7　黄河小浪底水利枢纽平面示意图

引水发电系统也布置在枢纽左岸。包括 6 条发电引水洞、地下厂房、主变室、闸门室和 3 条尾水隧洞。厂房内安装 6 台 30 万 kW 混流式水轮发电机组，总装机容量 180 万 kW，多年平均年发电量 45.99 亿 kWh/58.51 亿 kWh（前 10 年/后 10 年）。

（三）工程效益

1. 防洪、防凌

水文气象资料分析表明，黄河可能出现 55 000 m^3/s 的特大洪水，即使经过三门峡、陆浑、故县等水库拦蓄后，花园口站的洪峰流量仍将达到 42 000 m^3/s。黄河下游防洪工程的设防标准仅为 22 000 m^3/s（花园口站），不到百年一遇。

三门峡水库对控制凌汛期流量起到了一定的作用，但由于可利用库容过小，防凌效果有限。小浪底水利枢纽与已建的三门峡、陆浑、故县水库联合运用，并利用东平湖分洪，可使黄河下游防洪标准提高到千年一遇。千年一遇以下洪水不再使用北金堤滞洪区，减轻常遇洪水的防洪负担。与三门峡水库联合运用，共同调蓄凌汛期水量，可基本解除黄河下游凌汛威胁。

2. 减淤

小浪底水利枢纽利用淤沙库容沉积泥沙，可使黄河下游河床 20 年内不淤积抬高。非汛期下泄清水挟沙入海以及人造峰冲淤，对下游河床有进一步减淤作用。

3. 供水、灌溉

黄河下游控制灌溉面积约 4 000 万亩，每年平均实灌面积 1 760 万亩，年引水量 80 亿～100 亿 m^3，由于黄河来水丰枯不匀，又缺乏足够的水量调节能力，灌溉用水保证率仅 32%。20 世纪 70 年代以来，沿河工农业迅猛发展，城市供水需求急剧增长，山东利津至入海口河段 1997 年前几乎每年断流，水资源供需矛盾十分突出。小浪底水利枢纽可减少下游断流的概率，平均每年可增加 20 亿 m^3 的调节水量，满足下游灌溉与城市用水，提高灌溉保证率。

4. 发电

小浪底水利枢纽装机6台，每台30万kW，总装机容量180万kW，额定水头112 m，是河南电网理想的调峰电站。

（四）建设过程

小浪底水利枢纽工程1991年9月12日开始进行前期准备工程施工，1994年9月1日主体工程正式开工，1997年10月28日截流，2000年初第一台机组投产发电，2001年底主体工程全部完工，取得了工期提前、投资节约、质量优良的好成绩。工程建设可以划分为准备工程施工、国际招标、主体工程施工、尾工四个阶段。

小浪底工程前期准备工程包括外线公路工程、内线公路工程、黄河公路桥工程、留庄铁路转运站工程、施工供电工程、施工供水工程、通信工程、砂石骨料试开采、临时房屋工程、导流洞施工支洞工程、施工区移民安置工程。

为了减少截流前占直线工期的施工项目的压力，节约外资，在进行准备工程施工的同时，进行了右岸主坝防渗墙、导流洞、上中导洞、进水口、出水口开挖等主体工程项目施工。

准备工程施工从1991年9月12日起至1994年4月18日水利部对前期准备工程进行验收为止，历时2年7个月，完成了所有水、电、路、通信、营地、铁路转运站等准备工作，完成了施工区移民安置及库区移民安置试点工作，完成了招标文件中承诺的右岸主坝防渗墙、导流洞施工支洞、上中导洞、进水口、出水口开挖等主体工程项目应实现的形象。国际承包商进场时称赞，小浪底工程进场条件是他们所见到的最好的。准备工程施工期间，基本确立了小浪底工程建设各方之间的关系，尤其是建设单位和设计单位之间的关系，即小浪底建管局代表国家管理小浪底工程，对进度、质量、安全、投资全面负责；小浪底建管局和设计院是甲乙方合同关系，设计院在设计质量上对小浪底建管局负责，小浪底建管局对工程质量负责。这在当时是基建体制改革的重要举措，为小浪底工程实行业主负责制打下了基础。

准备工程施工期间，组建了工程监理单位，比照FIDIC条件的要求开展工作，为主体工程开工后全面进行工程监理积累了经验。

前期准备工程的组织紧扣主体工程进行国际招标的要求展开，时间安排以满足利用世行贷款的时间要求为前提；施工项目安排力争多揭示地质条件，提前进行关键线路上的主体工程项目施工，减轻直线工期压力；将人力分成施工和招标两部分，两项工作并行不悖；管理工作比照FIDIC合同条件要求进行。上述一系列工作为主体工程建设顺利实施打下了良好的基础。

四、葛洲坝水利枢纽

（一）工程概况

葛洲坝在湖北宜昌。葛洲坝水利枢纽全长2 561 m，高70 m，将长江一分为三，是世界上最长的水坝之一。巨坝共用混凝土1 000万m^3，各类金属6.5万t。如长虹卧波，横断长江。主要由大江电站、二江电站、1号船闸、2号船闸、3号船闸、泄洪闸、冲沙闸等组成。

葛洲坝位于长江三峡的西陵峡出口——南津关以下 2 300 m 处，大坝北抵江北镇镜仙，南接江南狮子包，雄伟高大，气势非凡。葛洲坝水利枢纽工程是一项综合利用长江水利资源的工程，建成于1988 年，具有发电、航运、泄洪、灌溉等综合效益。大坝的兴建，使水库水位增高 20 多 m，向上游回水 100 多 km，形成一个蓄水巨大的人造湖，同时也有效地改善了三峡航道的险情，使货运量由 400 万 t 左右猛增到 5 000 万 t 以上。为保证建坝后的顺利通航，大坝建有三座大型船闸，其中 2 号船闸是目前世界上少数巨型船闸之一。为防止泥沙淤积和在特大洪水时泄洪，大坝还建造了两座冲沙闸及泄洪闸。

葛洲坝除了能够泄洪防涝，还能利用长江水力进行发电。如果乘着万吨巨轮过葛洲坝，可以亲眼目睹巨大的轮船通过大坝的水位调节，在转眼之间上升几十米的感觉。葛洲坝的泄洪闸放水时有着极其磅礴的气势，迸发的波涛和巨大的水声令人震撼。泄洪闸周围的环境也十分优美。

（二）枢纽布置

葛洲坝水利枢纽工程由船闸、电站厂房、泄水闸、冲沙闸及挡水建筑物组成，见图 7-8。

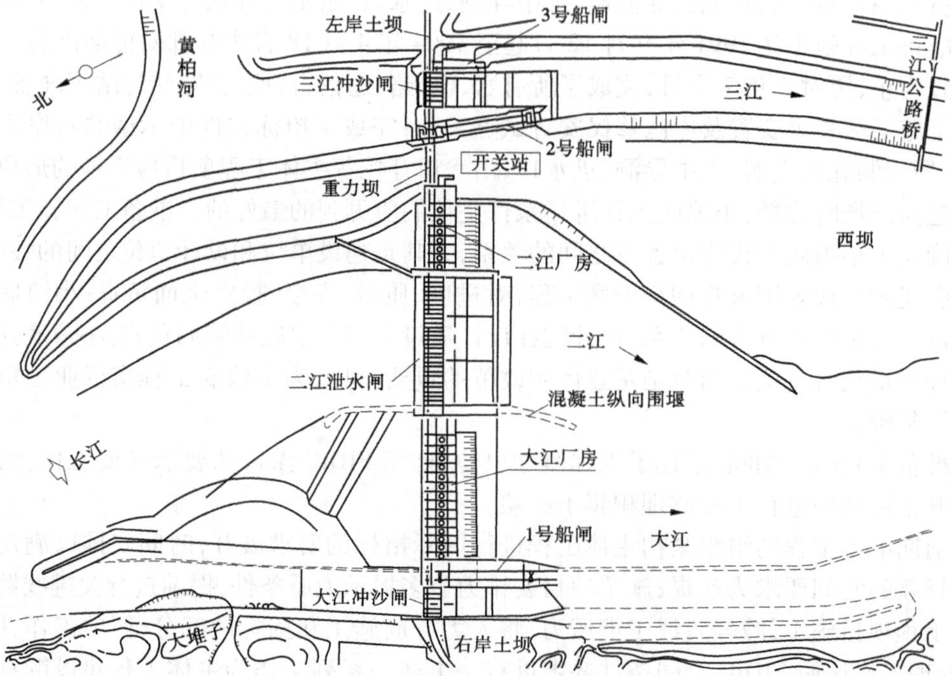

图 7-8　葛洲坝水利枢纽平面示意图

船闸为单级船闸，1、2 号两座船闸闸室有效长度为 280 m，净宽 34 m，一次可通过载重为 1.2 万 ~1.6 万 t 的船队。每次过闸时间 50 ~ 57 min，其中充水或泄水 8 ~ 12 min。3 号船闸闸室的有效长度为 120 m，净宽为 18 m，可通过 3 000 t 以下的客货轮。每次过闸时间约 40 min，其中充水或泄水 5 ~ 8 min。上、下闸首工作门均采用人字门，其中 1、2 号船闸下闸首人字门每扇宽 9.7 m、高 34 m、厚 27 m，质量约 600 t。为解决过船与坝顶过车的矛盾，在 2 号和 3 号船闸桥墩段建有铁路、公路、活动提升桥，大江船闸下闸首建有公路桥。两座电站共装有 21 台水轮发电机组，其中：大江电站装机 14 台，单机容量 12.5 万

kW，二江电站装机 7 台（17 万 kW 2 台、12.5 万 kW 5 台），总装机容量 271.5 万 kW，每年可发电 157 亿 kWh。电能分别用 500 kV 和 200 kV 输电线外输。

二江泄洪闸是葛洲坝工程的主要泄洪排沙建筑物，共有 27 孔，最大泄洪量 83 900 m^3/s，采用开敞式平底闸，闸室净宽 12 m，高 24 m，设上、下两扇闸门，尺寸均为 12 m×12 m，上扇为平板门，下扇为弧形门，闸下消能防冲设一级平底消力池，长 18 m。大江冲沙闸为开敞式平底闸，共 9 孔，每孔净宽 12 m，采用弧形钢闸门，尺寸为 12 m×19.5 m，最大排泄量 20 000 m^3/s。三江冲沙闸共有 6 孔，采用弧形钢闸门，最大泄量 10 500 m^3/s。如果您是汛期到此，那么您将观赏到：泄洪闸前，洪波涌起，惊涛拍岸。巨大的水头冲天而起，溅起的水沫形成漫天水雾，即使您立于百米之外，也会感到水气拂面，沾衣欲湿；如遇朗朗晴天，水雾反射的阳光，在泄洪闸前形成一道彩虹，直插江中，极为壮观。

三座船闸中，大江 1 号船闸和三江 2 号船闸为中国和亚洲之最。船闸各长 280 m、高 34 m，闸室的两端有 2 扇闸门，下闸门两扇人字型闸高 34 m，宽 9.7 m，重 600 t，号称“天下第一门”。逆水而上的船到达船闸时上闸门关闭着，下闸门开启着，上、下游水位落差 20 m，船驶入闸室内，下闸门关闭，设在闸室底部的输水阀打开，水进入闸室，约 15 min 后，闸室里的水与上游水位相平时，上闸门打开，船只驶出船闸。下水船过闸的情况正好相反。每次船只通过葛洲坝大约需要 45 min。

葛洲坝水利枢纽工程位于湖北省宜昌市三峡出口南津关下游约 3 km 处。长江出三峡峡谷后，水流由东急转向南，江面由 390 m 突然扩宽到坝址处的 2 200 m。由于泥沙沉积，在江面上形成葛洲坝、西坝两岛，把长江分为大江、二江和三江。大江为长江的主河道，二江和三江在枯水季节断流。葛洲坝水利枢纽工程横跨大江、葛洲坝、二江、西坝和三江。

设计船队：近期最大船队为“三驳一顶”，即一艘 2 000 马力拖轮顶推三艘 1 500 t、1 000 t船梭型船队，三峡枢纽建成后最大船队为“四驳一顶”，即一艘 4 000 马力拖轮推四艘 3 000 t 驳船的船队。

（三）工程效益

电量：葛洲坝水利枢纽工程近期具有发电、改善峡江航道等效益。它的电站发电量巨大，年发电量达 157 亿 kWh，相当于每年节约原煤 1 020 万 t，对改变华中地区能源结构，减轻煤炭、石油供应压力，提高华中、华东电网安全运行保证度都起到了重要作用。仅发电一项，在 1989 年底就可收回全部工程投资。

水位改善：葛洲坝水库回水 110～180 km，由于提高了水位，淹没了三峡中的 21 处急流滩点、9 处险滩，因而取消了单行航道和绞滩站各 9 处，大大改善了航道，使巴东以下各种船只能够通行无阻，增加了长江客货运量。自 1981 年 6 月通航以来，作为配合三峡工程建造的反调节航运梯级工程，极大地改善了长江三峡区域 120 km 水域的通航条件，大量货船从此安全畅通地出入长江。1982 年葛洲坝船闸货物通过量不到 400 万 t，之后每年有所增加，1994 年突破 1 000 万 t。

水利枢纽工程：葛洲坝水利枢纽工程施工条件差、范围大，土石开挖回填达 7 亿 m^3，混凝土浇筑 1 亿 m^3，金属结构安装 7.7 万 t。建成后发挥了巨大的经济效益和社会效益，提高了中国水电建设方面的科学技术水平，培养了一支高水平的进行水电建设的设计、施工和科研队伍，为中国的水电建设积累了经验。

（四）建设过程

葛洲坝水利枢纽建成于1988年，前后经过18年始成。

葛洲坝水利枢纽工程的研究始于20世纪50年代后期。1970年12月30日破土动工。1974年10月主体工程正式施工。整个工程分为两期，第一期工程于1981年完工，实现了大江截流、蓄水、通航和二江电站第一台机组发电；第二期工程1982年开始，1988年底整个葛洲坝水利枢纽工程建成。

在大坝合龙过程中，当龙口只剩20 m宽时，滔滔的江水咆哮着、怒吼着，25 t重的混凝土块一投下去马上就被发狂的江水轻易冲走，冲了再投，投了再冲，就这样一直持续了两个多小时，坝头仍毫无进展。后来截流大军用粗实的钢丝绳把四个25 t重的混凝土块联成"葡萄串"，两岸同时把两个共重200 t的"葡萄串"抛入龙口，大坝才终于合龙。

建坝后由于航道水位提高，一扫过去三峡航道上的险滩，使货运量由400万t左右猛增到5 000万t以上。发电是建坝的一个重要原因，现在大江和二江河道上各建一座低水头径流站，二江电站的机组是中国目前最大的低水头转桨式水轮发电机组。葛洲坝水电站的电流不断输往湖南、湖北、河南等地。为了防止泥沙淤积，大坝两边还建造了两座冲沙闸，用来束水冲沙。若无此装置，坝的上游只需100年就会被泥沙填平，整个工程全部报废。为了在特大洪水时泄洪，葛洲坝还建有泄洪闸，既下泄洪水，又对洪水起到缓冲作用，在一定程度上减轻了洪水对下游的危险。

葛洲坝不仅是一项重要的水利工程，同时也是一座纵贯南北的长江大桥，其坝顶建有铁路、公路和人行道，连接了鄂西地区的南北道路。游人参观葛洲坝，可先到葛洲坝工程局接待室观看大坝电动模型和大江截流彩色纪录片，然后上坝饱览壮丽的大坝风光。

五、大古力水利枢纽

（一）工程概况

大古力水电站（Grand Coulee Hydroelectric Power Station），是美国最大的水电站，位于华盛顿州斯波坎市附近的哥伦比亚河上。装机容量列世界第三，有发电、灌溉、防洪等效益。控制流域面积19.2万km^2。平均年径流量为962亿m^3。基岩为花岗岩。混凝土重力坝大坝最高168 m，坝顶长1 272 m，为哥伦比亚河上最大的水坝。水库命名为罗斯福湖，总库容118亿m^3。坝后常规式发电厂房共有3座，并在坝上游左岸设有安装水泵和抽水蓄能机组的厂房，可灌溉40.5万hm^2农田。发电总装机容量648万kW，并预留了4台共240万kW的发电机组位置。泄洪设施为溢流坝、中孔和深孔。1933年开工，1941年第一台机组投入运行，1978年第三电厂建成。3座常规电厂多年平均年发电量为216亿kWh。

（二）枢纽布置

大古力工程主坝为混凝土重力坝，连同扩建的前池坝总长1 592 m。河床中部为溢流坝，左、右侧分设第一、第二厂房，左岸为提水灌溉的抽水站，右岸为扩建的第三厂房。

主坝坝轴线为直线，坝顶长1 179 m，高167.6 m，坝顶宽9.1 m，高程399.59 m，大坝底部最宽处达152.4 m。上游面从坝顶至高程311.81 m处为垂直面，以下坡度则为

1:0.15,下游面从坝顶至高程388.01 m处为垂直面,以下则为1:0.8的斜面。坝内设有总长13.7 km的检查廊道,还有总长4 km的竖井。

前池坝紧邻右坝肩,与主坝轴线约呈64°角,其坝基高程约为338.33 m,坝顶高程为399.59 m,顶宽9.1 m。上游面为垂直面,下游面从坝顶至高程388.01 m处为垂直面,以下则为1:0.65的斜面。前池坝坝顶长约356.6 m,结构物高61 m。另外,在前池坝右边有一面向东方的长为56.7 m的翼坝,用以封闭前池的北端。

溢流坝段布置在河床,长502.9 m,设11孔表面溢流孔,各装有宽41.2 m、高8.5 m的鼓形闸门,闸门孔口单宽流量48 $m^3/(s\cdot m)$。溢流坝下游面从鼓形闸门凸缘处(高程380.39 m)至溢流坝消力戽起点处(高程270.90 m)为1:0.8的倾斜面。溢流坝采用连续式消力戽消能,消力戽半径为15.2 m,其挑坎比倒拱高9.1 m,戽内单宽流量56.3 $m^3/(s\cdot m)$,总功率342万kW。由于河床沙砾被卷入戽内及施工残渣未彻底清除,消力戽曾被严重磨损,后来用特制的沉箱进行水下修复。当水库蓄水位达到393.19 m时,溢流坝闸门开启,总泄洪能力为21 900 m^3/s。坝体内设有40孔钢衬砌的、直径为2.6 m的泄水孔,每个泄水孔由厚度为2.6 m的附环门控制。泄水孔分2层等距离排列,其中20孔位于高程315.98 m处,另20孔位于高程346.46 m处。此外,在高程285.22 m处还建有20孔泄水孔,主要用于施工导流,后来用混凝土封堵。当水库蓄水位达到393.71 m时,这40孔泄水孔的泄洪能力可达6 400 m^3/s。

发电厂房分设在左右两岸(在第三厂房兴建后称为第一和第二厂房),厂房宽38 m,高62 m,长231 m和225 m,各安装9台单机容量10.8万kW的混流式水轮发电机组,每台机组由一根埋设在大坝混凝土中直径为5.5 m的焊接压力钢管引水。出水口(高程284.68 m处)的钢管厚度为38.1 mm,进水口(高程317.30 m处)的钢管厚度则为19.1 mm。通过渐缩弯管与水轮机的伸缩节头(4.6 m宽)相连。第一厂房内还装有3台厂用机组,单机容量1万kW,每台机组各由一直径为1.8 m的压力钢管输水。第一、二厂房内的发电机组及厂用机组的总装机容量为197.4万kW。开关站设在右岸,电站运行初期以220 kV高压输电线路接入邦纳维尔电力系统。厂房与开关站相距较远,高差较大,曾发生出线电缆因油循环不好而烧毁的事故,值得借鉴。抽水站内共安装12台机组。前6台为电动水泵,每台抽水45.3 m^3/s,电动机功率48 470 kW,总功率29.1万kW;后6台为抽水蓄能机组,抽水流量56.6 m^3/s。抽水蓄能机组分别设有一直径为4.3 m的进水管(在高程363.71 m处)和一直径为3.7 m的泄水管,每台机组的额定功率约为5万kW,总功率30万kW。机组利用大古力水电站所发电力从大古力水库内抽水,抽水扬程为85~110 m,总抽水能力611.6 m^3/s,提水灌溉哥伦比亚河左岸干旱高地44.3万hm^2土地。利用岸上调节水库调蓄,抽水蓄能机组可提供调峰容量31.4万kW。

(三)工程效益

大古力水电站是美国哥伦比亚(Columbia)河干流上一座具有发电、防洪、灌溉、调节径流、城市供水、旅游和改善航运等综合效益的大型水利枢纽。

(四)建设过程

初期工程,开挖土方1 570万m^3,石方160万m^3,混凝土浇筑量809万m^3。扩建工程,挖除79.2 m长的原坝体混凝土23 657 m^3,开挖土方1 379万m^3,石方380万m^3,浇筑混凝土 109 万 m^3。施工时采取分期导流，导流流量按 15 600 m^3/s 设计，上游围堰高程 304.8 m，下游围堰高程 301.8 m，先建左岸围堰，于 1934 年底开始兴建，1935 年汛前完成。左右岸围堰共使用大约 2.16 万 m^3 木材，91.6 万 m^3 填土，2 200 t 钢板桩。出渣用皮带系统。大坝浇筑初期采用双悬臂门机，每台浇筑能力为 64 m^3/h。自 1935 年 12 月开始浇筑混凝土，至 1941 年 10 月浇完，历时 61 个月。混凝土浇筑的最高日强度达 1.7 万 m^3，最高月强度 41 万 m^3，最高年强度 270 万 m^3，都是当时的最高纪录。大古力水电站第三厂房的大规模扩建、设置隔槽，以及对已浇混凝土进行非电引爆毫秒微差爆破拆除的施工技术和 70 万 kW 巨型机组厂房单机单进水口的设计技术都是水利建设中突出的工程实例。

大古力水电站是哥伦比亚河干流上兼有灌溉等效益的美国最大水电站。装机容量 648 万 kW。1933 年兴建，1941 年第一台机组投入运行。水利枢纽包括拦河坝、4 座发电厂、3 个高压开关站。水轮发电机组有 6 种类型共 33 台。为纪念已故总统罗斯福，将建成的水库命名为罗斯福湖，总库容 118 亿 m^3，有效库容 64.5 亿 m^3。拦河坝为混凝土重力式，最大坝高 168 米，坝顶全长 1 272 m，其中河中溢流段长 502.9 m，最大下泄流量 28 300 m^3/s。坝体混凝土量 809.3 万 m^3，为世界大型混凝土建筑物之一。在溢流坝两侧非溢流坝后分设左右两座厂房，原各装 9 台 10.8 万 kW 机组，1964 ~ 1980 年间对机组进行改造，单机容量扩大为 12.5 万 kW，18 台共为 225 万 kW。另在左厂房内装有 3 台各为 1 万 kW 的厂用电机组。20 世纪 60 年代决定增建第三电厂，采取的措施为拆去右岸变电站，挖除一部分右坝头，并向下游扩建右翼坝，长 356.6 m，同时挖除一部分右岸山坡，形成右翼坝内前池并连通水库。第三电厂建于右翼坝坝后，内安装 60 万 kW 及 70 万 kW 机组各 3 台（后者为截至 1988 年世界上单机容量最大的机组），合计 390 万 kW。厂房内装有起吊容量为 2 000 t 的世界最大桥式起重机。第三电厂于 1967 年开工，1978 年建成。另在坝头上游左岸库边，设有抽水灌溉及抽水蓄能发电机组厂房，由 6 台总容量 30 万 kW 的水泵及 6 台总容量 31.4 万 kW 的抽水蓄能机组（发电时容量为 30 万 kW）组成。水泵由罗斯福湖提水 85.3 m 至班克斯湖，灌溉电站以南地区 40.5 万 hm^2 土地。抽水用于灌溉后的多余水量可由抽水蓄能机组发电后返回罗斯福湖。三座常规电厂多年平均发电量为 216 亿 kWh。

六、胡佛水坝

（一）工程概况

胡佛水坝（Hoover Dam）位于美国亚利桑那州的西北部，93 号州际高速公路上，内华达州及亚利桑那州的西北部交界处，因亚利桑那及内华达两州有一小时的时差，故水坝两端各设有一时钟，以方便过客对时。大坝位于从拉斯维加斯出发向东南方向行驶约 40 km 处。胡佛水坝工程庞大，建成后对工农业发展起着巨大的作用。因此，它在世界水利工程行列中占有重要的地位。胡佛水坝的建造耗费了大量资金，动员了大批人力，于 1936 年竣工并交付使用。它是一座拱门式重力人造混凝土水坝。坝高 220 m，底宽 200 m，顶宽 14 m，堤长 377 m。这样巨大的水坝在世界上是不多见的，它宛如一条巨龙盘卧在大地上，显得十分威武。

胡佛水坝是世界闻名的水利工程,位于亚利桑那州的西北部,1936 年落成。坝下的科罗拉多河原本是美国最深、水流最湍急的河流,如今缓缓而行,就像一头被驯服的野兽。

(二)枢纽布置

工程主要建筑物有拦河坝、导流隧洞、泄洪隧洞和电站厂房。

拦河坝为混凝土重力拱坝,坝高 221.4 m,坝顶长 379 m,坝顶宽 13.6 m,坝底最大宽度 202 m,坝顶半径 152 m,中心角 138°,坝体混凝土浇筑量为 248.5 万 m^3。

左右岸各有 2 条直径为 15.25 m 的导流隧洞,总长 4 860 m,导流流量为 5 670 m^3/s,左岸两条隧洞于 1932 年 11 月先建成过水。

左右岸各设置 1 条泄洪隧洞,进水口各由 4 扇 4.9 m×30.5 m 的弧形闸门控制。泄洪隧洞系导流隧洞后半段改建而成,直径为 15.2 m,用混凝土衬砌,长 671 m,最大流速 53.4 m^3/s,溢洪道总泄流能力可达 11 400 m^3/s。

另外两条导流洞改建为发电引水隧洞,兼作辅助泄洪隧洞用。辅助泄洪隧洞是在引水隧洞末端设 6 根 3.96 m 的钢管,其总泄量为 2 577 m^3/s。

左右岸各设一座岸边地面式厂房,各长 198 m,厂房顶高出正常尾水位 45.7 m。左右岸各 2 条发电引水隧洞(各有 1 条由导流洞改成),分成 8 条压力钢管,其中 1 条又分成 2 条,共 17 条压力钢管,向 17 台水轮机供水。目前电站装机已达 208.4 万 kW,其中 13 台 13 万 kW,2 台 12.7 万 kW,1 台 6.85 万 kW,1 台 6.15 万 kW。

(三)工程效益

胡佛水坝在防洪、灌溉、城市及工业供水、水力发电、航运等方面都发挥了巨大作用。

胡佛水坝形成的米德湖水库有调节库容 196 亿 m^3,防洪库容 117 亿 m^3,对坝址以上的洪水可完全控制。水库防止了下游过去频繁发生的洪水,使科罗拉多河洪水流量由 5 670 m^3/s削减为 1 130 m^3/s,特大洪峰由 8 500 m^3/s 削减为 2 120 m^3/s。例如:1941、1952、1958 年的洪水流量为 2 920~3 450 m^3/s,水库调洪后下泄的洪水在 1 000 m^3/s 以下,1953~1956 年为旱年,水库提供了水源;建坝后保证了加利福尼亚州和亚利桑那州沙漠地带 70 万 hm^2 的土地获得可靠的灌溉水源。目前这一灌区每年可生产 10 亿美元以上的农产品,可提供 3 200 万户五口之家的年生活用水。在加利福尼亚州南部的半干旱区,年降水量仅 380 mm,远远不能满足该地区用水需要。因此,1974 年从米德湖引取 13.2 亿 m^3 的水量,提供给加州南部 1 万 km^2 的 125 个城镇及工矿企业单位,其中包括供给洛杉矶市 1 000 万人口的用水量;水库有 177 km 长,可通行大小船只及游艇,改变了建坝前基本上不通航的面貌。水库风景优美,是著名的游览胜地。

(四)建设过程

胡佛水坝在 1931 年 3 月 11 日动工,首席工程师是法兰克·高尔(Frank Crowe),水坝经费由政府资助,因此他必须在政府限定时间之内完工,否则他的公司将会面临每天 3 000美元的巨额罚款。在他们建造水坝前,必须先开辟一条通往峡谷的道路,以运送物资。由于当时正处于经济大萧条时期,失业人数大增,因此为水坝的建造提供了一群数量可观的廉价劳工。

在建造水坝之前,必须先把科罗拉多河分流,但河流两旁满布悬崖,因此唯一方法是在峡谷两边钻挖爆破，开辟4条分流隧道。然而开辟分流隧道的工人生活和工作环境每况愈下，令许多工人对高尔越来越不满，甚至策划罢工。8月7日，工人正式罢工，当时仍有大量有资格取代他们的失业人士，因此工人是冒了一个很大的风险，甚至可能失去工作。高尔选择镇压罢工的工人，开除他们，然后重新招聘。1932年，河水首次流入隧道，分流工程成功，能够正式建造水坝。余下的工程只是利用混凝土去建设水坝，政府给予的限期为4年半，时间虽多，但高尔欲提早完工，以获得大笔奖金。1933年，总共倾注了100万 yd^3（1 yd^3 = 0.764 554 857 984 m^3）的混凝土，1935年，水坝提早了两年完工，而高尔亦获得一笔奖金。胡佛水坝令112名工人失去性命。

（五）历史贡献

胡佛水坝孕育了新兴的城市拉斯维加斯，可以说是拉斯维加斯之母。这里原本是不毛之地，荒无人烟，建造胡佛水坝的时候，大批工人聚集在这里。水、电、铁路为一座新城的诞生提供了条件。工人们在沙漠之中，没有任何娱乐，于是有人以赌博解闷。内华达州州政府为了吸引人气，居然在1931年把赌博合法化。于是，许多资本家前来投资建设豪华赌场，大批观光客也前来赌博。就这样，一座光怪陆离的赌城在沙漠深处迅速发展，以致一跃而为美国西部最大的新城。如今，在胡佛水坝附近，还能找到残墙断垣、破败凄冷的小村庄，那里写着“Old Las Vegas”（拉斯维加斯旧城），那就是建造水坝时工人们的宿营地。拉斯维加斯就是从一个沙漠小村发展起来的。胡佛水坝是打开拉斯维加斯之谜的一把钥匙。只有清楚地了解胡佛水坝的历史，才能知道拉斯维加斯这座世界第一赌城的诞生过程。如今，拉斯维加斯成了不夜城，正是胡佛水电站的电力，点亮了拉斯维加斯那流光溢彩、五颜六色的霓虹灯。

七、罗贡坝

（一）工程概况

罗贡坝位于塔吉克斯坦共和国瓦赫什（Baxш）河上游，大坝为斜心墙土石坝，最大坝高335 m，坝顶长660 m。工程具有发电、灌溉和防洪等综合效益。水库总库容133亿 m^3，水电站装有6台机组，总装机容量为360万 kW，年发电量130亿 kWh，向中亚联合电网送电。1975年开工兴建。

（二）枢纽布置

罗贡水利枢纽的主要建筑物有斜心墙土石坝（见图7-9）、电站进水口、地下厂房、右岸泄洪隧洞、利用导流隧洞改建的尾水隧洞、500 kV户外配电装置以及预防坝基盐岩层受冲刷的防护工程等。大坝设计高度335 m，坝顶长660 m，坝顶宽20 m，底宽1 500 m，坝体体积7 550万 m^3。土石坝包括砾石黏土心墙、反滤过渡层、掺有花岗岩及沙砾岩的上、下游坝体，上、下游坝坡分别为1:2.4和1:2.0。为了防止坝基盐岩层冲刷溶蚀，心墙基础用喷混凝土保护，下面进行帷幕灌浆及固结灌浆。

导流隧洞出口闸门工作水头达200 m。门孔面积约50 m^3，单孔泄量达2 250 m^3/s。右岸设有表面进口与深式进水口合一的泄水隧洞，泄洪能力5 750 m^3/s；出水明渠在平面上与河床约呈90°。地下开挖的总长度达60 km。

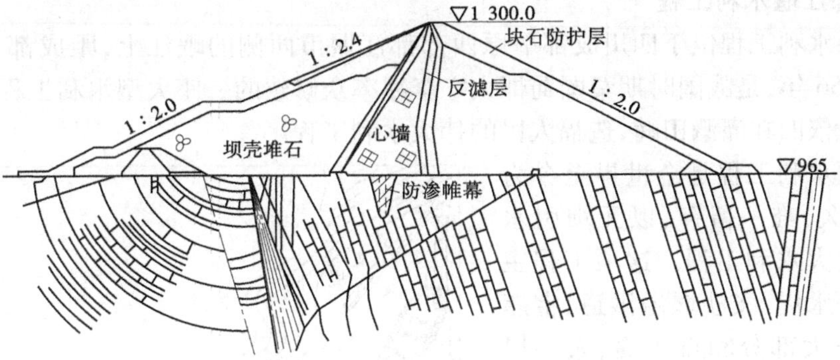

图 7-9　罗贡坝设计剖面图　（单位:m）

地下厂房长 200 m、高 68 m、宽 28 m。厂内设计安装 6 台各 60 万 kW 的混流式水轮发电机组，年发电量 130 亿 kWh，向中亚联合电网送电。两条导流隧洞，布置成两层，进口在左岸，高程相距 10 m，穿过河床，出口在右岸，在闸门室后面的部分兼作水电站尾水管。

（三）工程效益

罗贡坝是世界上最高的坝，是具有灌溉、发电和防洪等综合效益的大型水利枢纽。

（四）建设过程

罗贡坝设计年填筑强度 1 000 万 ~1 100 万 m^3，土料上坝采用带式输送机运输，既节约了修建道路的费用，减少了自卸卡车 350 ~370 辆，又加快了填筑速度。上坝的砾石和石块，利用宽 2 m 的重型输送带，亚黏土碎石混合料则用 1.2 m 宽的输送带。带式输送机总长度达 10.6 km。坝体采用碾压方法施工。

罗贡坝的上游围堰是坝体的一部分，高 65 m。1993 年 1 月围堰修筑到 40 m 高时，由于导流洞长期过流挑沙，使其中 1 条导流洞局部衬砌遭到破坏，闸门井磨损并发生约 2 万 m^3 岩石坍落堵塞导流洞，另一条导流洞被迫增大过流量。此后，1993 年 5 月 7 ~8 日连续暴雨，上游发生一次总量达 110 万 m^3 的泥石流，水位上涨淹没了交通洞和地下厂房并漫过围堰顶，冲毁土石方达 200 万 m^3，给工程施工带来了很大损失。

罗贡坝于 1975 年开工。按照设计，大坝升高到 125 m 的临时剖面时开始发电，但工程进展缓慢，到 20 世纪末，该工程仍在施工中，且最大坝高可能修改为 305 m。

第六节　我国的水利水电建设成就

一、古代水利工程建设成就

几千年来，广大劳动人民为开发水利资源，治理洪水灾害，发展农田灌溉，进行长期的大量的水利工程建设，积累了宝贵的经验，建成一批成功的水利工程。大禹用堵疏结合的办法治水获得成功，并有“三过家门而不入”的佳话流传于世。

我国古代建设的水利工程很多，下面主要介绍几个典型的工程。

（一）都江堰水利工程

都江堰水利工程位于四川成都平原西部都江堰市西侧的岷江上，距成都 56 km。建于公元前 256 年，是战国时期秦国蜀郡太守李冰率众修建的一座大型水利工程，是现存的最古老而且依旧在灌溉田畴，造福人民的伟大水利工程。

都江堰水利工程是全世界至今为止，年代最久、唯一留存、以无坝引水为特征的宏大水利工程。这项工程主要由鱼嘴分水堤、飞沙堰溢洪道、宝瓶口进水口三大部分和百丈堤、人字堤等附属工程构成，科学地解决了江水自动分流（鱼嘴分水堤四六分水）、自动排沙（鱼嘴分水堤二八分沙）、控制进水流量（宝瓶口与飞沙堰）等问题，消除了水患，使川西平原成为"水旱从人"的"天府之国"。1998 年灌溉面积达到 66.87 万 hm^2，灌溉面积已达 40 余县。人们为了纪念李冰父子，建了一座李冰父子庙，称为二王庙。

都江堰渠首枢纽主要由鱼嘴、飞沙堰、宝瓶口三大主体工程构成（见图 7-10）。三者有机配合，相互制约，协调运行，引水灌田，分洪减灾，具有"分四六，平潦旱"的功效。

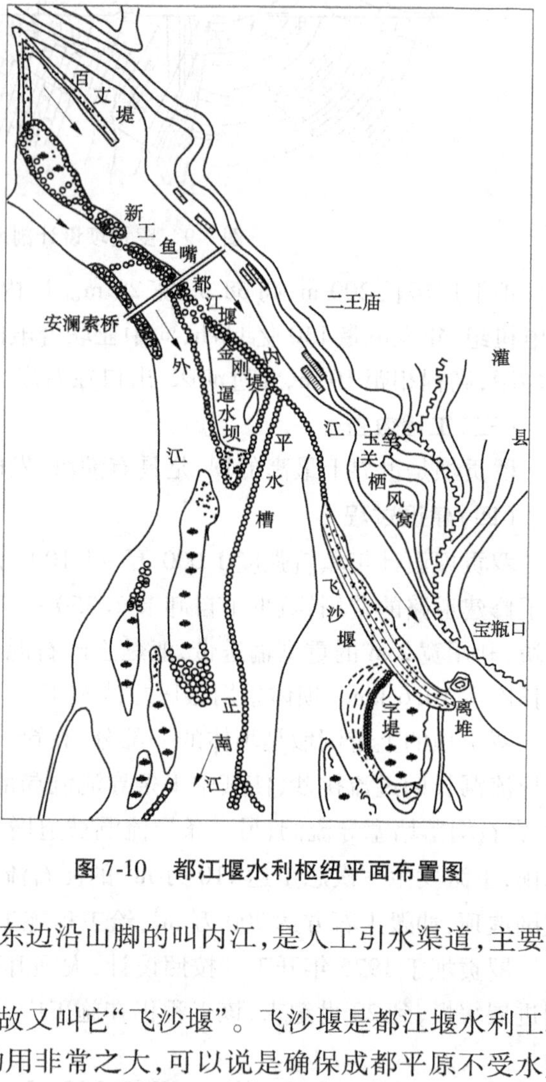

图 7-10　都江堰水利枢纽平面布置图

"鱼嘴"是都江堰的分水工程，因其形如鱼嘴而得名，位于岷江江心，把岷江分成内外二江。西边叫外江，俗称"金马河"，是岷江正流，主要用于排洪；东边沿山脚的叫内江，是人工引水渠道，主要用于灌溉。

"泄洪道"具有泄洪排沙的显著功能，故又叫它"飞沙堰"。飞沙堰是都江堰水利工程三大件之一，看上去十分平凡，其实它的功用非常之大，可以说是确保成都平原不受水灾的关键要害。飞沙堰的作用主要是当内江的水量超过宝瓶口流量上限时，多余的水便从飞沙堰自行溢出；如遇特大洪水的非常情况，它还会自行溃堤，让大量江水回归岷江正流。另一作用是"飞沙"，岷江从万山丛中急驰而来，挟着大量泥沙、石块，如果让它们顺内江而下，就会淤塞宝瓶口和灌区。古时飞沙堰，是用竹笼卵石堆砌的临时工程；如今已改用混凝土浇筑，以保一劳永逸的功效。

宝瓶口起"节制闸"作用，能自动控制内江进水量，是前山（今名灌口山、玉垒山）伸向岷江的长脊上凿开的一个口子，是人工凿成控制内江进水的咽喉，因它形似瓶口而功能奇特，故名宝瓶口。留在宝瓶口右边的山丘，因与其山体相离，故名离堆。离堆在开凿宝瓶口以前，是湔山虎头岩的一部分。由于宝瓶口自然景观瑰丽，有“离堆锁峡”之称，属历史上著名的“灌阳十景”之一。

都江堰是由渠首枢纽、灌区各级引水渠道，各类工程建筑物和大、中、小型水库及塘堰等所构成的一个庞大的工程系统，担负着四川盆地中西部地区7市（地）36县（市、区）1 003万余亩农田的灌溉、成都市50多家重点企业和城市生活供水，以及防洪、发电、漂木、水产、养殖、林果、旅游、环保等多项目标综合服务，是四川省国民经济发展不可替代的水利基础设施，其灌区规模居全国之冠。

都江堰不仅是中国古代水利工程技术的伟大奇迹，也是世界水利工程的璀璨明珠。最伟大之处是建堰2 260多年来经久不衰，而且发挥着愈来愈大的效益。都江堰的创建，以不破坏自然资源，充分利用自然资源为人类服务为前提，变害为利，使人、地、水三者高度协合统一。开创了中国古代水利史上的新纪元，在世界水利史上写下了光辉的一章。都江堰水利工程，是中国古代人民智慧的结晶，是中华文化的杰作。

（二）灵渠

灵渠在今广西壮族自治区兴安县境内，也叫兴安运河或湘桂运河，由于是在秦代开凿的，又叫秦凿河。秦统一六国后，为了进一步完成统一局面，在北击匈奴的同时，又南征岭南。公元前219年，秦始皇出巡到湘江上游，他根据当时需要解决南征部队的粮饷运输问题，作出了使监（御史）禄（人名，又名史禄）凿渠运粮（《史记·主父偃传》）的决定。在杰出的水利学家史禄的领导下，秦代军士和当地人民一起，付出了艰苦劳动，劈山削崖，筑堤开渠，把湘水引入漓江，终于修成了这条运河。这条运河成了打开南北水路交通的要道。

中国长江流域与珠江流域之间，隔着巍巍的五岭山脉，陆路往来已很难，水运更是无路可通。但是，长江支流的湘江上源与珠江支流的上源，恰好同出于广西兴安县境内，而且近处相距只1.5 km许，中间的低矮山梁，也高不过30 m，宽不过500 m。灵渠的设计者就是利用这个地理条件，凿出一条水道，引湘江入漓江，蜿蜒行进于起伏的丘陵间，联结起分流南北的湘江、漓江，沟通了长江水系与珠江水系。

灵渠长约30多km，宽约5 m，主要分大小天平、铧嘴、南北渠、泄水天平、陡门五个部分（见图7-11）。大小天平成人字形，是建于湘江上的拦河滚水坝。大天平长344 m，小天平长130 m。坝高2～2.4 m，宽17～23 m。汛期洪水可从坝面流入湘江故道，平时可使渠水保持1.5 m左右深度。因其能平衡水位，故称天平。铧嘴筑在分水塘中、大小天平之前，形如犁铧，使湘水“三七分派”，即七分水经北渠注入湘江，三分水入南渠流进漓江。铧嘴还可起缓冲水势、保护大坝的作用。南北渠是沟通湘漓二水通道，全长36.4 km，平均宽10余m，平均深1.5 m左右。泄水天平建于渠道上，南渠两处，北渠一处，可补大小天平之不足，在渠道内二次泄洪，以保渠堤和兴安县城安全。南北渠各建多处陡门（亦称闸门），通过启闭，调节渠内水位，保证船只正常通航。1963年3月，郭沫若视察灵渠，曾称赞道：“秦始皇三十三年史禄所凿灵渠，斩山通道，连接长江、珠江水系，两千余年前有此，诚足与长城南北相呼应，同为世界之奇观。”

灵渠全长虽然不到40 km，是一条小型运河，但因为它沟通了长江、珠江两大水系，其地位却十分重要。它不仅在秦代，而且在以后2 000多年中，都是内地和岭南的主要交通

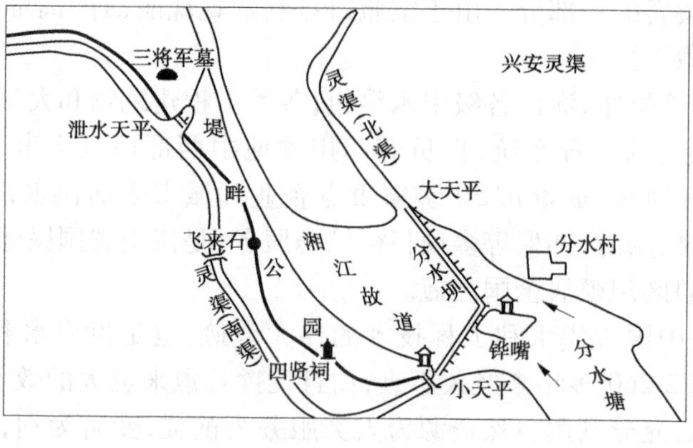

图 7-11　灵渠平面示意图

孔道，对促进两地经济文化的交流，对加快岭南的开发，意义都非常重大。

1936 年和 1941 年，粤汉铁路和湘桂铁路相继建成，灵渠才让位于现代化交通工具。它在 1956 年最后停运，改作农田灌溉和城市供水工程，并成为桂林地区重要的名胜古迹，供人观赏。

（三）郑国渠

郑国渠是最早在陕西关中建设的大型水利工程，战国末年秦国穿凿，公元前 246 年（秦始皇元年）由韩国水工郑国主持兴建，约十年后完工。位于今陕西省泾阳县西北 25 km 的泾河北岸。泾河从陕西北部群山中冲出，流至礼泉就进入关中平原。关中平原东西数百千米，南北数十千米。关中平原的地形特点是西北略高，东南略低。郑国渠充分利用这一有利地形，在礼泉县东北的谷口开始修干渠，使干渠沿北面山脚向东伸展，很自然地把干渠分布在灌溉区最高地带，不仅最大限度地控制了灌溉面积，而且形成了全部自流灌溉系统，可灌田 4 万余 hm^2。郑国渠开凿以来，由于泥沙淤积，干渠首部逐渐填高，水流不能入渠，历代以来在谷口地方不断改变河水入渠处，但谷口以下的干渠渠道始终不变。

郑国渠不仅仅在于它发挥灌溉效益的 100 余年，而且还在于首开了引泾灌溉之先河，对后世引泾灌溉发生着深远的影响。秦以后，历代继续在这里完善其水利设施，先后历经汉代的白公渠、唐代的三白渠、宋代的丰利渠、元代的王御史渠、明代的广惠渠和通济渠、清代的龙洞渠等历代渠道。汉代有民谣："田淤何所？池阳、谷口。郑国在前，白渠起后。举锸为云，决渠为雨。泾水一石，其泥数斗，且溉且粪，长我禾黍。衣食京师，亿万之口。"称颂的就是引泾工程。1929 年陕西关中发生大旱，三年六料不收，饿殍遍野。引泾灌溉，急若燃眉。中国近代著名水利专家李仪祉先生临危受命，毅然决然地挑起在郑国渠遗址上修泾惠渠的千秋重任。在他的亲自主持下，此渠于 1930 年 12 月破土动工，数千民工辛劳苦干，历时近两年，终于修成了如今的泾惠渠。1932 年 6 月放水灌田，引水量 16 m^3/s，可灌溉 60 万亩土地。至此开始继续造福百姓。

新中国成立以来，按照边运用、边改善、边发展的原则，对新老渠系进行了 3 次规模较大的改善调整与挖潜扩灌。1949 ~ 1966 年为第一阶段，1966 ~ 1983 年为第二阶段，20 世纪 80 年代后至 1995 年为第三阶段。为继续解决灌区工程老化失修、效益衰减问题，1989 年泾惠渠被列入关中三大灌区改造工程之一，开展了以更新改造、完善配套和方田建设为主要内容的灌区建设，共安排8项工程和方田38.7万亩。主要项目有：渠首加坝加闸和除险加固、总干渠险工段整治与石渠坡脚砌护，南干渠改善，干、支、斗渠衬砌与翻修，重点建筑物加固改造，排水干沟整修以及通信线路更新改造等，完成工程投资1 571万元，建成渠、井、电、路、树相配套的方田面积41.8万亩，至1993年完成项目任务，1995年8月通过竣工验收。1995年，渠首引水能力为50 m^3/s。全灌区共有干渠5条，长80.42 km，已衬砌67 km；支渠20条，长297.49 km，已衬砌78 km；斗渠527条，长1 206 km，已衬砌630 km；配套机井1.4万眼；抽水站22处，装机1 824 kW；设施、有效灌溉面积分别为134.04万亩（其中抽水灌溉面积37.2万亩）和125.99万亩。

郑国渠自秦国开凿以来，历经各个王朝的建设，先后有白渠、郑白渠、丰利渠、王御使渠、广惠渠、泾惠渠，至今造益当地。引泾渠首除历代故渠外，还有大量的碑刻文献，堪称蕴藏丰富的中国水利断代史博物馆，现已列入国家级文物保护单位。郑国渠遗址历来享有中国水利史“天然博物馆”的盛誉。它的发现，对于研究中国古代水利方面的成就，具有重要意义。

（四）京杭大运河

京杭大运河全长1 794 km，是一条人工运河，长度是苏伊士运河（190 km）的9倍，巴拿马运河（80 km）的22倍，纵贯南北，是中国重要的一条南北水上干线，背负了古代南北大量物资的运输交换，也有助于中国的政治、经济和文化的发展。隋唐大运河和京杭大运河是两个不同的概念。隋唐大运河在先，京杭大运河是在此基础上使用了隋唐大运河的一部分，又开挖了一部分，才形成的。京杭大运河的通航里程为1 442 km，其中南起杭州，北到北京，途经今浙江、江苏、山东、河北、天津、北京六省（市），沟通了海河、黄河、淮河、长江、钱塘江五大水系。由于年久失修，当前全年通航里程为877 km，主要分布在黄河以南的山东、江苏和浙江三省。

大运河从公元前486年始凿，漫长的岁月里，经历三次较大的兴修过程，最后一次的兴修才称作“京杭大运河”。

第一次是在公元前5世纪的春秋末期。胥溪、胥浦是大运河最早成形的一段，相传是以吴国大夫伍子胥之名命名的。当时统治长江下游一带的吴国君主夫差，在吴国攻克楚国、越国之后，挡在他面前的只有齐国，夫差为了北伐齐国，争夺中原霸主地位，他调集民夫开挖自今扬州向东北，经射阳湖到淮安入淮河的运河（即今里运河），因途经邗城，故得名“邗沟”，全长170 km，把长江水引入淮河，成为大运河最早修建的一段，运河就是为水上运输而生的。吴王此后在艾陵（今山东泰安）打败齐国。公元前482年，在黄池（今河南封丘西南）率精锐大会诸侯，与晋争霸，结果吴国被越国偷袭所灭。夫差虽然身死，但是他留下来的不仅有扬州的雏形，而且这段运河至今仍在使用。

第二次是在公元7世纪初隋炀帝统治后，迁都洛阳。为了控制江南广大地区，使长江三角洲地区的丰富物资运往洛阳，隋炀帝于公元603年下令开凿从洛阳经山东临清至河北涿郡（今北京西南）长约1 000 km的“永济渠”；又于公元605年下令开凿洛阳到江苏清江（今淮安市）约1 000 km长的“通济渠”；再于公元610年开凿江苏镇江至浙江杭州（当时的对外贸易港）长约400 km的“江南运河”；同时对邗沟进行了改造。这样，洛阳与杭州之间全长1 700多km的河道可以直通船舶，这就是所谓的“隋唐大运河”。各渠简介：

①广通渠,从长安至潼关东通黄河,以渭水为主要水源。②通济渠,从洛阳沟通黄、淮两大河流的水运。③山阳渎,北起淮水南岸的山阳(今江苏淮安市淮安区),径直向南,到江都(今扬州市)西南接长江。④永济渠,在黄河以北。从洛阳对岸的沁河口向北,直通涿郡(今北京市境)。

第三次是我们所说的"京杭大运河"的最终形成。在13世纪末元朝定都北京后。为了使南北相连,不再绕道洛阳,元朝花了10年时间,先后开挖了"洛州河"和"会通河",把天津至江苏清江之间的天然河道和湖泊连接起来,清江以南接邗沟和江南运河,直达杭州。而北京与天津之间,原有运河已废,又新修"通惠河"。这样,新的京杭大运河比绕道洛阳的隋唐大运河缩短了900多km。

京杭大运河沿线是中国最富庶的农业区之一,工业生产很发达。在兖州、济宁、枣庄、滕州市、丰县、沛县、徐州、邳州及两淮等有大中型煤矿,连接上海、南京、徐州、镇江、常州、无锡、苏州、扬州、杭州等工业城市。为了使"黄金水道"产生"黄金"效益,沿线的鲁、苏、浙三省对大运河各段进行了整治、扩建和渠化,使千年古运河重新焕发了青春,成为中国仅次于长江的第二条"黄金水道"。运河沿线的主要港口有济宁、徐州、邳州、淮阴、淮安、宝应、高邮、扬州、镇江、常州、无锡、苏州、吴江和杭州等。济宁段(山东济宁—江苏徐州蔺家坝)全长130多km,济宁段主航道将由六级航道标准提高到三级标准,底宽由当前的16 m拓宽到50 m,水深达到3 m。届时,千吨级船舶可由长江直达济宁,年通过能力将达到2 500万t,新增港口吞吐能力1 350万t,抵得上新建一条"京沪铁路"。

运河对中国南北地区之间的经济、文化发展与交流,特别是对沿线地区工农业经济的发展起了巨大作用。京杭大运河也是最古老的运河之一。它和万里长城并称为中国古代两大工程,闻名于全世界。大运河与长城同是中华民族文化地位身份的象征。

新中国成立后,对运河进行了大规模整修,使其重新发挥航运、灌溉、防洪和排涝的多种作用。1988年底建成的京杭运河和钱塘江沟通工程已将江、河、海衔接起来,构成了以杭州为中心,以京杭运河与长江、黄河、淮河、海河、钱塘江五大水系相连通的水运网。

2006年3月,58位政协委员联合向全国政协十届四次会议提交了一份提案,呼吁从战略高度启动对京杭大运河的抢救性保护工作,并在适当时候申报世界遗产项目。2011年4月,在扬州召开"大运河保护和申遗工作会议",大运河的申遗工作已经进入倒计时——大运河沿线的北京、河南等8个省(市)35个城市的大运河遗产将整体申报世界遗产,并争取在2014年列入世界遗产名录。

二、新中国水利工程建设成就

新中国成立以来,我国的水利事业建设得到了迅猛发展,水利水电科学水平也得到迅速发展和提升,跨入了世界先进水平行列。

新中国成立后,水利水电建设方面取得的主要成绩有以下几个方面。

(一)整治大江大河,提高防洪能力

在大江大河中,长江是我国第一黄金水道。但是,自1921年以来,长江共发生大洪水11次,其中1931年和1954年最为严重。新中国成立后,整治加固荆江大堤等中下游江堤3 750 km,修建荆江分洪区等分洪、蓄洪工程,下游荆江江段河道裁弯工程,在长江中上游的支流上修建了安康、黄龙滩、丹江口、王甫洲、东风、乌江渡、龚嘴、铜街子、五强溪、凤滩、东江、江垭、安康、古铜口、隔河岩、高坝洲、二滩等大中型工程，干流上有葛洲坝、三峡工程。三峡工程在治理长江方面起到不可替代的作用。以前，在长江防洪险区为湖北枝城到湖南城陵矶长 337 km 的荆江大堤，其防洪能力不到 10 年一遇。1998 年长江发生全流域的洪水后，国家进一步加大了长江堤防的投资，大大加强了长江的防洪能力，千军万马守大堤的情况进一步减少。现在标准提高到 10 年一遇。再加上三峡工程的投入使用，汛期水库运用库容拦截洪水，可使荆江大堤防洪标准达到 100 年一遇。

黄河是中国的母亲河。但是，黄河水患更甚于长江。自公元前 602 年至 1938 年的两千多年间，黄河下游决口有 543 年，并多次改道。新中国成立后，整治堤防 2 127 km，修建东平湖分洪工程和北金堤分(滞)洪工程，在干流上修建了龙羊峡、李家峡、刘家峡、青铜峡、盐锅峡、万家寨、天桥、三门峡、陆浑、伊河、故县(洛河)以及小浪底等工程，使干堤防洪标准提高到 60 年一遇。

淮河流域修建了淮北大堤、三河闸、二河闸等排水工程和佛子岭、梅山、响洪甸、磨子潭等 5 332 座大、中、小型水库，其干流标准提高到 40～50 年一遇。2003 年人工修建的淮河入海道的修通，为提高淮河的防汛能力起到了关键性的作用。

(二)修建了一大批大中型水电工程

新中国成立 60 多年来，我国水电建设迅猛发展，工程规模不断扩大。代表性的工程中，20 世纪 50 年代有浙江新安江水电站、湖南资水柘溪水电站、甘肃黄河沿水电站、广东新丰江水电站、安徽梅山水电站等；60 年代有甘肃黄河刘家峡水电站、湖北汉江丹江口水电站、河南黄河三门峡水电站等；70 年代有湖北长江葛洲坝水电站、贵州乌江渡水电站、四川大渡河龚嘴水电站、湖南酉水凤滩水电站、甘肃白龙江碧口水电站等；80 年代有青海黄河龙羊峡水电站、湖北滦河潘家口工程、吉林松花江白山水电站等；90 年代有湖南沅水五强溪水电站、广西红水岩滩水电站、湖北清江隔河岩水电站、青海黄河李家峡水电站、福建闽江水口水电站、云南澜沧江漫水电站、贵州乌江东风水电站、四川雅砻江二滩水电站、广西和贵州南盘江天生桥一级水电站；21 世纪有长江三峡水利枢纽、黄河小浪底水利枢纽、大朝山水电站、棉花滩水电站、龙滩水电站、水布垭水电站等。

(三)修建了一大批农田水利工程

著名的大型灌区有：四川都江堰灌区(70.7 万 hm^2)、内蒙古河套灌区(57.43 万 hm^2)安徽淠史杭灌区(68.43 万 hm^2)、宝鸡峡引渭灌区(19.54 万 hm^2)、新疆(石河子)玛纳斯河灌区(20.01 万 hm^2)、河南人民胜利渠灌区(3.67 万 hm^2)、湖南韶山灌区(6.67 万 hm^2)。

(四)设计水平不断提高

半个世纪以来，我国的坝工技术得到了高度发展，已建成的大坝坝型有实体重力坝、宽缝重力坝、空腹重力坝、重力拱坝、拱坝、双曲拱坝、连拱坝、平板坝、大头坝、土石坝等多种坝型，建成了大量 100～150 m 高的混凝土坝和土石坝，进行了 200～300 m 量级的高坝的研究、设计和建设工作。

贵州乌江重力拱坝成功地建于岩溶地区。广东泉水薄拱坝，坝高 80.0 m，厚度比仅 0.114。河北西北口水电站为我国第一座面板堆石坝(坝高 95 m)。凤滩空腹重力拱坝是世界同类坝型中最高的一座。四川二滩双曲拱坝(坝高 240 m)是我国 20 世纪 90 年代建成的最高拱坝,居世界第九位。葛洲坝工程的三线船闸、举世闻名的三峡工程的双线五级船闸多项技术为世界领先技术,充分反映了我国坝工技术水平。

计算机的引入,使坝工建设更加科学、更加精确、更加安全。ACD 技术显著降低了设计人员的劳动强度,提高了设计水平,大大缩短了设计周期。计算技术从线性问题向非线性问题发展,弹塑性理论使结构分析更符合实际,大坝计算机仿真模拟、可靠度理论、拱坝体型优化设计理论和智能化程序等,使大坝设计更安全、更经济、更快捷。

在泄水消能方面,我国首创了重力坝宽尾墩消能工,并进一步将其发展到与挑流、底流、戽流相结合,改善消能效果,增加单宽流量。拱坝采用多层布置、分散落点、分区消能,有效解决了狭窄河谷内大泄量消能防冲问题。此外,窄缝消能工、阶梯式溢流面消能工、异型挑坎、洞内孔板消能工等不同形式的消能工应用于不同工程,以适应不同的地质、地形条件和枢纽布置。

(五)设计、施工水平不断提高

施工方面,碾压混凝土坝、面板堆石坝、预裂爆破、定向爆破、喷锚支护、过水土石围堰、高压劈裂灌浆地基处理、高边坡处理、隧洞一次成型技术等新坝型、新技术、新工艺标志着我国坝工建设的发展成就。特别是葛洲坝大江截流,截流流量 4 400 m^3/s,历时 36 h 23 min,是我国水电建设一大壮举。二滩水电站双曲拱坝年浇筑混凝土 152 万 m^3,月浇筑混凝土 16.3 万 m^3,达到了狭窄河谷拱坝混凝土浇筑的世界领先水平。

我国水利建设从重点开发开始走向系统的综合开发,例如,黄河梯级工程、三峡工程、南水北调工程等重大工程项目的计划和实施,使我国水利事业提高到了一个新水平。

参考文献

[1] 中华人民共和国水利部. 中国水利[M]. 北京:中国水利水电出版社,2009.
[2] 水利部人事劳动教育司. 水利概论[M]. 南京:河海大学出版社,2002.
[3] 水利部办公厅,水利部发展研究中心. 水利改革发展30年回顾与展望[M]. 北京:中国水利水电出版社,2010.
[4] 张平仓,赵建,胡维忠,等. 中国山洪灾害防治区划[M]. 武汉:长江出版社,2009.
[5] 杨邦柱. 中国水利概论[M]. 郑州:黄河水利出版社,2009.
[6] 姜弘道. 水利概论[M]. 北京:中国水利水电出版社,2010.
[7] 冀春楼. 水利概论[M]. 郑州:黄河水利出版社,2004.
[8] 游琪. 中国水利概论[M]. 北京:中国水利水电出版社,1999.
[9] 郭雪莽,温新丽,苏万益,等. 中国水利概论[M]. 郑州:黄河水利出版社,1999.
[10] 唐克丽,等. 中国水土保持[M]. 北京:科学出版社,2004.
[11] 水利部,中国科学院,中国工程院. 中国水土流失与生态安全[M]. 北京:科学出版社,2010.
[12] 石自唐. 水利工程管理[M]. 北京:中国水利水电出版社,2009.
[13] 王礼先,朱金兆. 水土保持学[M]. 北京:中国林业出版社,2005.
[14] 彭斌,迟道才. 水法规与水行政管理教程[M]. 郑州:黄河水利出版社,2008.
[15] 全国人大常委会. 中华人民共和国水法[S]. 2002.
[16] 黄建初.《中华人民共和国水法》释义[M]. 北京:法律出版社,2003.
[17] 岳恒,陈金木. 新时期我国水利法制建设轨迹分析[J]. 水利发展研究,2007(5):4-6.
[18] 全国人大常委会. 中华人民共和国水污染防治法[S]. 1984.
[19] 全国人大常委会. 中华人民共和国水污染防治法[S]. 1996.
[20] 全国人大常委会. 中华人民共和国水污染防治法[S]. 2008.
[21] 中华人民共和国国务院.《中华人民共和国水污染防治法》实施细则[S]. 2000.
[22] 崔华平.《中华人民共和国水污染防治法》的修改与完善[J]. 法学杂志,2006(1):130-132.
[23] 张美红. 我国流域水污染防治的法律缺陷及法律完善[J]. 水利经济,2010,28(5):21-25.
[24] 柯坚,赵晨. 我国水污染防治立法理念、机制和制度的创新[J]. 长江流域资源与环境,2006,15(6):767-770.
[25] 冷罗生.《水污染防治法》值得深思的几个问题[J]. 中国人口·环境与资源,2009,19(3):66-69.
[26] 陈勇. 循环经济理念下我国水污染防治的法律思考——兼论《水污染防治法》的修订[J]. 水利发展研究,2006(10):7-10,20.
[27] 朱丽,田义文. 完善水污染防治法的法律责任[J]. 环境污染与防治,2008,30(3):88-90.
[28] 周明玉. 我国水污染防治立法现状与创新研究[D]. 北京:中国地质大学,2009.
[29] 朱丽. 完善我国水污染防治法的研究[D]. 杨凌:西北农林科技大学法学院,2009.
[30] 孙佑海.《中华人民共和国水污染防治法》解读[M]. 北京:中国法制出版社,2008.
[31] 阎道宏. 我国水污染防治法律制度研究[D]. 长春:吉林大学,2011.
[32] 王晓娇. 我国水污染防治法律对策研究[D]. 长春:吉林大学,2011.
[33] 李宗新,靳怀堾,尉天骄. 中华水文化概论[M]. 郑州:黄河水利出版社,2008.
[34] 董文虎. 水利发展与水文化研究[M]. 郑州:黄河水利出版社,2008.
[35] 王如高,刘春田,陈家洋. 从历代水利名人治水实践谈水利精神的弘扬[J]. 河海大学学报:哲学社

会科学版,2008,10(2):27-29.
[36] 孟亚明,于开宁. 浅谈水文化内涵、研究方法和意义[J]. 江南大学学报:人文社会科学版,2008,7(4):63-66.
[37] 万锋,麻林. 水文化特质理论方法研究[J]. 水利发展研究,2011(1):72-76.
[38] 李宗新. 简述水文化的界定[J]. 北京水利, 2002(3):44-45.
[39] 李宗新. 再论水文化的深刻内涵[J]. 水利发展研究,2009(7):71-73.
[40] 尉天骄. 水文化理论研究的方法论问题[J]. 海河水利, 2005(10):63-66.
[41] 郑大俊,王如高,盛跃明. 传承、发展和弘扬水文化的若干思考[J]. 水利发展研究, 2009(8):40-44.